호모 인텔리전스 게놈 나침반

멀티모달 출판물

『Homo Intelligence Genome Compass』는 이민섭 박사가 운영해온 게놈 과학 블로그인 게놈 나침반의 주요 콘텐츠를 선별·재구성하여 집필한 과학 에세이형 도서입니다. 이 책은 유전학, 인공지능, 생명과학의 통합적 주제를 일반인의 시선으로 풀어내며, 개인의 유전자 정보를 이해하고 활용하는 '지적 진화의 나침반'으로서의 역할을 지향합니다.

특히 이 책은 단순한 인쇄물에 그치지 않고, 인공지능 기술을 활용한 음성 콘텐츠인 Genome Compass 팟캐스트 시리즈와 연계되어 있는 최초의 멀티모달(multimodal) 출판물입니다. 각 장의 마지막에는 QR 코드가 삽입되어 있어, 독자가 해당 에피소드의 주제와 연관된 YouTube 팟캐스트 영상에 즉시 접속할 수 있습니다. 이를 통해 책에서 소개된 주제들을 보다 생생하고 입체적으로 이해할 수 있으며, 청각적 시각적 경험이 더해져 독서의 몰입도와 흥미를 극대화할 수 있도록 구성되었습니다. 이 책은 활자와 AI 기반 음성 콘텐츠의 융합을 통해 과학 대중서의 새로운 지평을 여는 시도이며, 생명과학과 AI 시대의 독자들에게 정보 전달의 새로운 방식과 경험을 제공합니다.

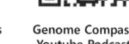

Genome Compass Naver Blog   Genome Compass Youtube Podcast

AI시대, 유전자로 읽는 인간, 사회, 미래의 이야기

호모 인텔리전스
게놈 나침반

이민섭 지음

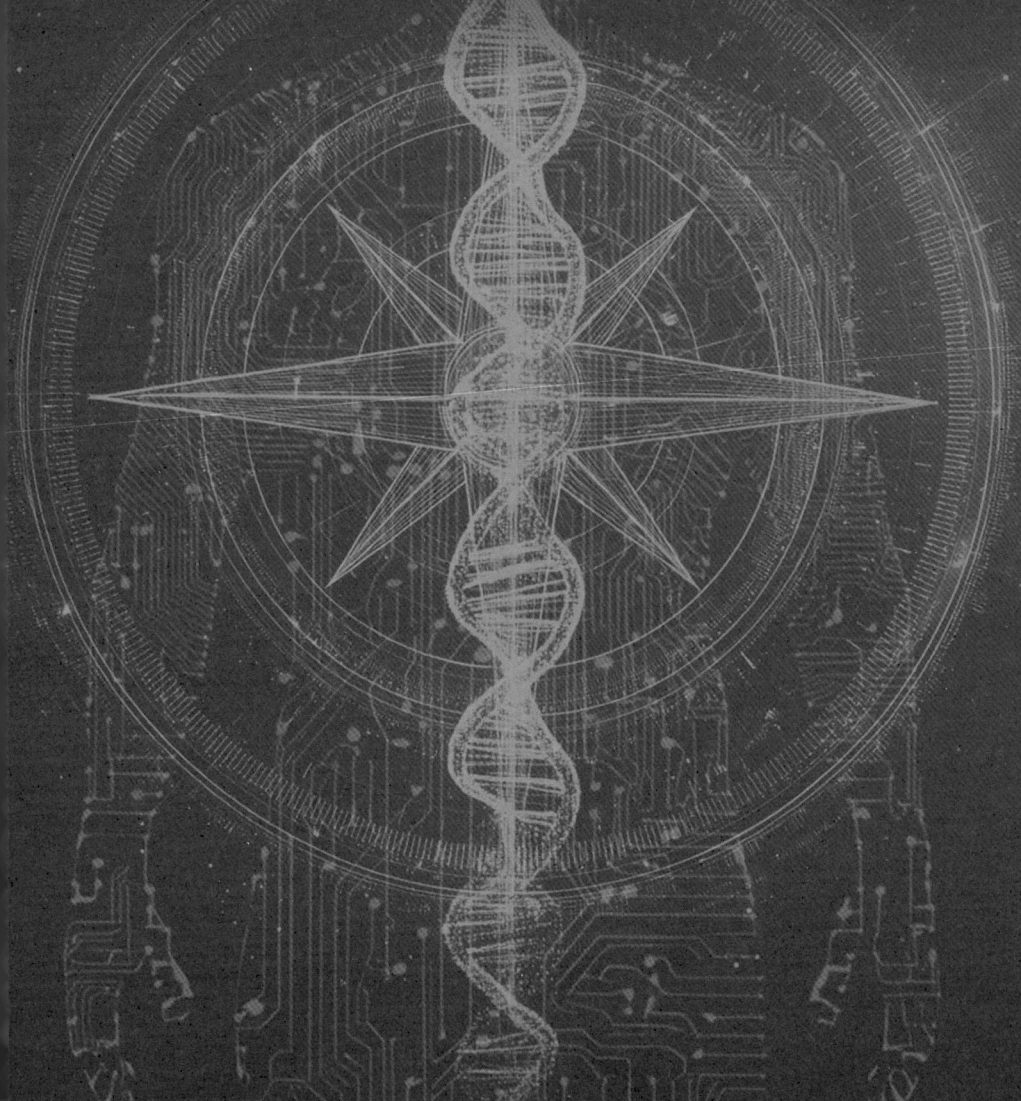

추천사

Dr. Lee summarizes, in the first three chapters, his views on various key issues in the fields of Genome and AI, which are rapidly evolving, in compact and simple terms for those not familiar with the two fields. In the remaining three chapters he extends his views into the areas of cultural, societal, mythical, and ethical issues as well as pointing out our need for a "compass" to navigate the future of humanity.

Sung Hou Kim
Distinguished Professor Emeritus of UC Berkeley, 과학기술유공자

As someone deeply immersed in AI healthcare innovation, I found Dr. Lee's Genome Compass particularly compelling. It expertly bridges genomics, artificial intelligence, and the future of health, providing essential perspectives for anyone navigating the transformative intersections of biology and digital technology.

Dr. Adlar Kim
Founder & CEO, Enolink Inc

『호모 인텔리전스 게놈 나침반』은 '생명은 정보'라는 테마를 중심으로 인생의 다양한 주제, 즉 유전학, 환경, AI, 진화, 죽음 등의 주제들을 엮어 다양한 관점에서 서술한 책이다. 이민섭 대표는 경희대에서 생물학을 전공한 후 도미해서 지금까지 이 분야에서 과학자, 교육자, 기업가로서 첨단을 달려온 전문가답게 다양한 인생의 주제들을 유전학, 후성유전학적 시각으로 풀어낸 수작이다. 이 시대에 꼭 읽어야 할 책이 분명하다.

김영보
가천대학교 길병원 신경외과 교수

프랑스의 라마르크는 1809년 『동물 철학』에서 용불용설과 획득형질의 다음 자손으로의 유전을 주장하는 진화론을 처음 제시했다. 이후 영국의 찰스 다윈은 1831년부터 1836년까지 비글호에 박물학자로 승선하여 남태평양의 여러 섬과 오스트레일리아 등을 항해한 후 1859년 『종의 기원』을 발표했다. 자연선택에 의해 환경에 적응한 종은 살아남고, 적응하지 못한 종은 도태된다는 것이다. 20세기 초에는 네덜란드의 드 브리아스는 달맞이꽃의 연구에서, 미국의 모건은 초파리의 염색체 연구에서 돌연변이가 진화, 생존, 자연도태의 주요 원인이 될 수 있음을 제안했다. 이후 분자생물학의 발전과 인간 유전체 지도 완성, 뒤 이은 유전체 혁명(이민섭 박사의 『게놈 혁명』 참조)은 유전체의 관점에서 기존의 진화론을 지지해

주는 새로운 증거와 기작을 발견하게 되었고, 후성유전 또한 진화에 기여한다는 것을 발견하기에 이르렀다. 이 책은 이민섭 박사의 유전체 연구의 체험과 깊은 사색의 결과물이다. 젊은 시절 대학 연구실과 산업체에서의 첨단 유전체 연구에서 출발하여, 미국과 한국에서의 유전체 연구기업 창업과 운영, 대학에서의 강의 등에서 도출된 저자의 다양한 경험이 바탕을 이루고 있다. 노화와 질병을 포함하여 우리가 직면하는 다양한 사회 현상들, 지구온난화, K-컬처, 저출산, 높은 자살률 등을 후성유전학에 근거한 진화론적 관점에서 설득력 있게 설명하고 있다. 여기에 더하여 이 책의 가장 놀라운 점은 진화를 보는 관점이 유전체 변이와 후성유전에 근거한 수동적인 입장을 벗어나 미래에는 인공지능(AI)이 더해진 인간이 주도하는 능동적인 진화의 가능성을 과감히 예측하고 있다는 것이다. 생명과학을 공부하는 대학생은 물론이고, 생물학 영역 밖에 있는 사회과학 연구자, 그리고 호기심 많은 일반인들의 필독서 목록에 이 책이 추가되기를 기원한다.

김영상
충남대학교 생화학과 명예교수

『게놈 혁명』이 유전학의 가능성을 열어 보였다면, 이 책은 인간 존재의 본질과 미래를 새롭게 고찰한다. 현 시대를 살아가고 있는 우리에게 유전자, 인공지능, 다양한 환경을 교차 시키며 진화의 새로운 나침반을 건네고 정밀의학 시대의 통찰을 제공하는 책이다.

박근영
가톨릭대학교 재활의학과 교수

1953년, 왓슨과 크릭이 DNA 이중나선 구조를 발견한 지 70년이 넘었다. 나 역시 어린 시절 그들이 쓴 『이중나선』을 읽고, 유전학이 열어 갈 미래에 대한 희망과, 위대한 발견을 향한 그들의 치열한 여정에 깊은 감동을 받았다. 40년이 지난 지금까지도 그들의 이야기는 여전히 내 기억 속에 생생하게 남아 있다. 그동안 유전학을 비롯해 의학, 분자생물학, 생명공학은 눈부신 발전을 이루어 냈고, 이제 인공지능 시대까지 열렸다. 1953년의 획기적인 발견에 비견될 만한 새로운 의료·바이오 혁명이 시작되었고, 개인 맞춤형 의료 서비스는 더 이상 먼 미래가 아니라 우리 눈앞에 다가왔다. 그리고 유전자의 시대가 이제 다시 항해를 시작하고 있다. 이런 흐름 속에서 『호모 인텔리전스 게놈 나침반』이라는 시의적절한 책이 출간되어 큰 기대가 생긴다. 저자 이민섭 대표는 학문적으로 뛰어난 성과를 이룬 연구자이자, 직접 제품과 서비스를 개발하고 시장에서 성공을 거둔 몇 안 되는 최고의 전문가이다. 원고를 읽으며 이론과 실무를 겸비한 저자의 통찰이 얼마나 깊은지를 느낄 수 있었다. 책은 각 주제를 간결하고 읽기 편하게 구성했으며, 저자의 경험에서 우러나온 철학과 통찰이 곳곳에 녹아 있어 읽는 즐거움도 크다. 다가오는 '호모 인텔리전스' 시대를 준비하는 모든 분께 이 책을 자신 있게 추천한다.

오상우
동국대학교 일산병원 가정의학과 교수

우리는 인구 100억, 평균수명 100세를 의미하는 '1조세 시대'를 앞두고 있다. 생명과학의 힘으로 도래할 1조세 시대는 마땅히 행복과 축복의 시간이어야 할 것이다. 이 책은 게놈의 이해와 응용이 그것을 구현하는 출발선임을 선언하고 앞으로 나아갈 좌표를 제시하는 좋은 나침반이다. 바야흐로 생명과학이 만들어 낸 거대한 경제의 파고가 세계경제를 휩쓸 것이다. 이 책에서 힌트를 얻어 정부는 우리 경제가 과거 중화학입국, 정보통신산업입국을 지나 생명과학입국이라는 새로운 나무를 심어야 할 것임을 인식하고 대비할 수 있기 바란다.

윤종록
KAIST과학기술 정책대학원 초빙교수, 전 미래창조과학부 차관

『호모 인텔리전스 게놈 나침반』은 유전자의 시선을 따라 인류와 생명의 숨겨진 신비를 섬세하고 깊이 있게 탐구하는 책이다. 정보가 지배하는 현대 사회 속에서 인간 존재의 근본적인 의미를 재조명하며, 독자를 진지하면서도 따뜻한 사색의 여정으로 이끈다. 생명의 기원이 단순한 물리화학적 현상 이상의 의미를 지닌다고 믿는 나에게 특히 흥미롭고 의미 깊었다. 과학과 신학이 서로 배척하지 않고 오히려 상호 보완하며 더 큰 빛을 발할 수 있다는 저자의 통찰은 설득력 있고 감동적이다. 이 책을 통해 우리는 생명과 존재에 대한 더욱 깊고 풍성한 이해를 얻게 될 것이다.

한태준
겐트대학교 글로벌캠퍼스 총장, 과학자

서문
유전자의 눈으로 세상을 보다

 제가 생물학을 전공하기로 결심한 데는 거창한 이유가 없었습니다. 단지 생명이라는 존재가 경이로웠고, 그 속에 숨겨진 원리를 이해하고 싶었을 뿐이었지요. 그렇게 대학에서 생물학을 공부하고, 이내 미국 유학길에 올랐습니다. 처음에는 학위를 마치고 바로 한국으로 돌아올 생각이었지만, 운명은 저를 더 길고 예측할 수 없는 여정으로 이끌었습니다.

 석박사와 포스트닥 과정을 거치며 저는 유전자라는 우주에 점점 깊이 빠져들었습니다. 미국의 유전체 바이오 기업에 연구원으로 합류하며 '휴먼게놈프로젝트(Human Genome Project: HGP)'에 직접 참여할 수 있었습니다. 이후 유전체 기반 신약과 진단 개발 신기술 연구를 이어 가던 중, 저는 새로운 도전을 결심하고 샌디에이고에서 다이애그노믹스(Diagnomics)라는 유전체 회사를 직접 설립하고 운영해 왔습니다.

 그 무렵 한국의 이원의료재단의 고(故) 이철옥 이사장님과 인연을 맺게 되었고, 그 인연으로 2013년 인천 송도에 한미 합작 법인인 '이원다이애그노믹스 게놈센터(EDGC)'를 설립했습니다. 이후부터 지금까지 저는 한국과 미국을 오가며 연구와 사업을 병행하고 있습니다. 미국에서는 다이애그노믹스 회사 운영과 비영리 연구 재단 'NGENI'를 설립하고,

뜻을 같이하는 학자들과 의미 있는 프로젝트도 함께 추진하고 있습니다.

이러한 여정 속에서 저는 과학자로서, 교육자로서 또 기업가로서 살고 있습니다. 대학에서 초빙교수로 유전학을 가르치기도 했고, 한국인 게놈 프로젝트의 추진을 주도하기도 했습니다. 미국과 한국의 중복된 생활이 길어지면서 저는 한국이라는 나라가 가진 잠재력과 저력을 오히려 더 명확히 인식하게 되었고, 양국을 잇는 일을 제게 주어진 큰 사명으로 받아들이게 되었습니다.

그 사이에 미국에서 태어난 제 두 자녀도 성인이 되어 각자의 길을 걷고 있습니다. 기쁘게도 두 아이 모두 미국에서 생물학을 전공했으며, 우리 가족은 유전학이라는 공통 언어로 대화를 나눌 수 있게 되었습니다. 어느 날 아이들에게 "왜 생물학을 전공했느냐?"라고 물었습니다. 그에 대한 아이들의 대답에 저는 조금 당황했지요. "생물 말고는 할 게 없는 줄 알았어요." 그 대답에 웃음이 났지만, 동시에 제 삶을 되돌아보게 되었습니다. 저는 평생 유전자를 이야기해 왔습니다. DNA 무늬가 새겨진 넥타이를 매고, 유전자 엠블럼이 붙은 차를 몰며, 염기서열 코드가 각인된 반지를 낀 채로 살아왔지요. 제 삶은 유전자로 시작해서 DNA로 끝났다고 해도 과언이 아닙니다.

이러한 여정의 가장 큰 뿌리는, 지금은 고인이 되신 저의 부모님입니다. 말수가 적고 엄하셨지만 모든 것을 내어 주시던 아버지, 언제나 저를 믿고 응원해 주시던 어머니. 당신들에게 유일한 자식이었던 저는 미국 유학길에 오르며 긴 시간 부모님 곁을 떠나 있었지만, 두 분은 단 한 번도 나를 책망하지 않으셨습니다. 오히려 매번 메시지와 전화로 격려해 주셨고, 어두운 길을 걷는 제게 등불과 나침반이 되어 주셨습니다.

저는 4월 21일, 한국의 과학의 날에 태어났습니다. 어머니는 제 생일을 축하하기보다, 과학의 날을 기념해 주셨습니다. "오늘은 너의 생일이기도 하지만, 과학자들이 세상을 밝히는 날이란다." 그 말은 제게 과학이 얼마나 가치 있는 일인가를 어릴 때부터 가르쳐 준 살아 있는 교육이었습니다. 그래서 그런지 저는 말을 하기 시작한 때부터 주변 사람들이 "너는 커서 뭐가 되고 싶냐?" 하고 물어보면 언제나 주저함 없이 "과학자요." 라고 답했습니다.

그렇게 시작된 과학자의 삶은 이후 기업가의 삶으로 진화했습니다. 연구소를 설립하고 회사를 운영하며, 사람을 이끌고, 자금을 유치하고 상장사를 유지하는 일까지 하며 삶은 아주 복잡해졌지만, 저는 지금도 스스로 묻고 답합니다. "나는 이제 과학자가 아니라 사업가인가?" 그에 대한 대답은 언제나 같습니다. "나는 과학자의 유전자를 가진 사업가다." 만약 제가 과학자라는 정체성을 잃었다면, 지금의 길을 결코 계속 걸어올 수 없었을 것입니다.

제 사고방식과 결정 기준, 그 모든 것은 과학적 판단과 과학자의 열정에 기반합니다. 지금도 저는 연구자의 눈으로 세상을 보고, 과학자의 꿈으로 미래를 설계합니다. 제가 일하는 모든 사무실에는 같은 그림 한 장이 걸려 있습니다. 'Think Outside the Box'라는 문

샌디에이고 다이애그노믹스 사무실

구가 적힌 단순한 그림입니다. 이 문장은 제 삶의 철학이자, 나침반이 되어 왔습니다. 저는 언제나 주어진 틀 안에서 생각하기보다 틀의 바깥을 상상해 보는 삶을 택했습니다.

문제가 생기면 그 자체에 매달리기보다 한발 뒤로 물러나 본질을 바라보았고, 표면의 현상보다 그 이면의 패턴과 가능성을 들여다보았습니다. 그런 제가 어떤 사람인지 가장 잘 이해해 준 이는 제 아내입니다. 그녀는 저를 '이반(2반) 사람'이라 부르지요. 일반(1반)적인 생각을 벗어난 방향에서 세상을 바라보고 문제를 해결하는 저를 향한 애정 어린 표현입니다. 아내는 늘 제 선택을 이해해 주었고, 제가 '2반'일 수 있도록, 일반적인 지지로 곁을 지켜 주었습니다.

『게놈 나침반』을 여는 이유

이 책 『게놈 나침반』은 유전자의 눈으로 세상을 바라본 한 사람의 기록이자, 유전자라는 언어로 미래를 해석하려는 여정의 결과물입니다. 과학도, 사업도, 삶도, 제 모든 생각의 중심에는 늘 한 가지 질문이 있었습니다. 바로 "유전자는 우리에게 무엇을 말하고 있는가?"입니다.

지금 우리는 인공지능과 기술의 발달에 따른 인간성의 재정립이라는 대변혁의 시대를 살고 있습니다. 7년 전 제가 『게놈 혁명』이라는 책을 썼을 때와 비교할 수 없을 만큼, 지금 우리는 더 많은 정보를 축적하고 새로운 기술을 만들어 냅니다. 이 세상은 그 어느 때보다 더 빠르게 변화(진화)하고 있습니다. 인류가 지난 7만 년간 쌓은 정보보다도 최근 7년간 만들어 낸 데이터와 정보가 더 많다고 할 정도입니다. 그리고 이제 우리는 AI라는 단순한 도구(tool)를 넘어선 '디지털 행위자(digital agent)'와 함께 살아가야 하는 신인류 시대(Homo Intelligence: HI)를 맞이하고 있습니다.

이러한 변화 속에서 저는 다시 유전자를 바라봅니다. 유전자는 단지 우리 인간의 유전 염기서열 기록이 아닙니다. 유전자는 삶의 방향을 설계하는 도구이며, 환경과 정보를 읽고 나의 경험에 반응하는 언어입니다. 『호모 인텔리전스 게놈 나침반』은 인공지능(Artificial Intelligence: AI)과 새로운 인간지능(HI)이 어떻게 함께 공존하며 새로운 인류의 상을 만들어야 하는지를 유전자의 흐름에 따라 유전학자의 관점에서 바라보고자 하는 책입니다.

미래는 누구에게나 낯설고 불확실합니다. 그러나 우리의 유전자를 이해하고 그 흐름에 귀를 기울이는 사람이라면, 어둠 속에서도 길을 찾을 수 있습니다. 이 책이 우리가 앞으로 어디로 향해야 할지를 함께 고민하는 그 여정의 첫걸음이 되고 우리 앞날에 나침반이 되기를 진심으로 바랍니다.

이민섭 Min Seob Lee, Ph.D.
게놈박사, 과학자, 기업가, 교육자

"인공지능이 미래를 계산할 때,
인간 지성은 방향을 묻는다."

차례

추천사   4
서문   9
국문 요약   18
English Summary   22

제1장 새로운 인류와 지능

호모 사피엔스: 진화 유전학 이야기   28
호모 인텔리전스의 탄생   35
인간 속의 또다른 인간: 네안데르탈인과 데니소바인   40
진화의 정의: 정보의 선택과 전달   46
생명체 진화와 인공지능 진화   50
디지털 나(Digital Me): Geni Codes   54
AI 속 유전체의 나: 디지털 트윈(Digital Twin)   58
유전자의 시간   61
AI 속 유전될 수 있을까: 정보의 유전학적 진화   64
유전자와 AI의 관점에서 죽음   68
외계인의 존재에 대하여   73
호모 인텔리전스의 미래: 정보와 유전자가 만드는 '나'   80

AI의 새로운 유전체, MCP를 켜다	87
바이브 코딩과 DNA 코딩: 느낌으로 진화	91
A2A: HI와 AI 에이전트의 진화	95
호모 인텔리전스의 윤리와 책임	100

제2장 게놈 나침반

생명체가 DNA에 정보를 담기 시작한 이유	108
DNA는 왜 네 글자인가	113
왜 RNA는 T 대신 U를 쓸까	122
유전자 위의 또 다른 유전자	126
DNA 지휘자: 후성유전학	130
DNA 저주의 축복: 완벽하지 않기에 생존할 수 있었다	138
잠자는 유전자	144
내 안의 이방인: 미토콘드리아	149
내 몸 속의 외계인: 마이크로바이옴	154
유전자 속의 침입자: 바이러스	158
점핑 유전자: 트랜스포존	164

유전자의 무음 진화: 유전자 부동　　　　　　　　168

Y염색체의 비밀　　　　　　　　　　　　　　　173

왜 정자는 점점 약해지고 있을까　　　　　　　　177

ADHD는 유전적 오류일까, 진화적 생존 전략일까　　183

비만 유전자　　　　　　　　　　　　　　　　　188

식탁 위의 게놈 나침반　　　　　　　　　　　　192

술의 게놈 나침반　　　　　　　　　　　　　　　196

주거의 게놈 나침반　　　　　　　　　　　　　　201

사랑의 게놈 나침반　　　　　　　　　　　　　　206

황혼 이혼을 하는 이유　　　　　　　　　　　　　211

사회성의 유전자: '공감'은 어떻게 진화했는가　　　215

유전자의 언어로 설명하는 불안　　　　　　　　　219

시크릿: 끌림의 법칙, 유전자의 눈으로　　　　　　223

IQ는 타고나는 걸까　　　　　　　　　　　　　　227

기억은 유전되는가　　　　　　　　　　　　　　　232

가난은 유전될 수 있을까　　　　　　　　　　　　236

유전자의 MBTI　　　　　　　　　　　　　　　　241

지구 온난화: 유전자의 언어로 다시 보다　　　　　246

암은 진화의 최고 걸작일까   249

영생을 얻은 인간, 헨리에타   253

유전자와 문명의 공동 진화:
우리의 문화는 유전자를 바꾸고, 유전자는 다시 문명을 만든다   260

제3장 호모 인텔리전스 코리안: K-유전자의 진화

K-컬처와 유전자   270

출산율 0.7의 역설: 유전자가 선택한 진화   275

자살과 유전자 진화: 유전자의 관점에서 본 한국의 자살률과 우울증   280

한국의 기대수명과 건강수명   287

K-Healthspan: 생명과학과 AI가 설계하는 새로운 국가 전략   292

맺음말   301

작가 인터뷰   309

국문 요약
"호모 인텔리전스 게놈 나침반"

이 책에서는 인간을 더 이상 고정된 유전자로만 정의하지 않습니다. 즉, 유전체 정보와 환경, 사회문화적 맥락, 그리고 인공지능(AI)을 포함한 첨단 기술과의 복합적 상호작용을 통해 끊임없이 진화하는 정보 기반 존재, 즉 '호모 인텔리전스(Homo Intelligence: HI)'로서의 새로운 인간상을 제시합니다. 인류의 진화는 단순히 호모 하빌리스에서 호모 사피엔스를 향해 일직선으로 향해온 것이 아닙니다. 우리는 네안데르탈인과 데니소바인의 유전자를 공유하는 혼합의 산물이며, 진화는 언제나 다양한 종들과의 상호작용과 환경에 대한 적응 속에서 비선형적으로 진행되어 왔습니다. 이 다양성과 상호작용은 생존의 전략이자 진화의 본질임을 시사합니다.

이 책의 중심 개념인 '게놈 컴퍼스(Genome Compass)'는 DNA를 단순한 유전 설계도가 아닌 생명의 운영체제로 바라봅니다. DNA는 외부 환경의 자극과 생활 습관, 정신적 스트레스와 같은 신호를 감지하고, 후성유전학(epigenetics)적 메커니즘을 통해 유전자 발현을 동적으로 조절합니다. 과거 '정크 DNA'로 불리던 비암호화 영역은 오히려 생명 조절의 핵심으로 드러났고, 그 조절 방식은 세대를 넘어 전달되며 진화의 연료가 되기도 합니다. 인간은 미토콘드리아라는 고대 박테리아와의 공생체이며, 또 하나의 유전체라 할 수 있는 마이크로바이옴은 면역, 대사, 정신 건강에 이르기까지 인간 생명 전체에 영향을 미칩니다. 결국 우리는 독립된 개체가 아니라 수많은 미생물과의 복합적 생태계로 구성된 존재입니다.

생명의 오류라 여겨졌던 유전자 변이, 트랜스포존, 내인성 레트로바이러스(ERV) 같은 유전자 이동 요소들도 이 책에서는 진화의 가능성으로 재해석됩니다. 예컨대, 내인성 레트로바이러스(ERV)로부터 유래된 신시틴(syncytin) 단백질은 포유류의 태반 형성에 결정적인 역할을 하며, 이는 침입자의 흔적이 생명의 필수 기능으로 전환된 놀라운 예입니다. 또한 Y염색체는 남성성과 부계 혈통 연구의 중요한 열쇠이지만, 그 자체가 퇴화와 재조합 제한이라는 진화적 도전을 품고 있습니다. 그리고 이는 인간 유전체의 변형 가능성과 생식 건강의 연결고리를 이해하는 단서가 됩니다.

이러한 과학적 통찰은 현대 사회의 다양한 생물학적·정신적 문제들을 새로운 시각으로 조망하는 데도 기여합니다. ADHD, 비만, 불임, 암과 같은 현대 질환들은 단순히 유전이나 환경 중 하나로 설명되지 않으며, 내분비계 교란물질, 식습관, 스트레스, 사회적 압력 등과 유전적 소인이 복합적으로 얽힌 결과입니다. 나아가 최근 연구들은 환경적 스트레스와 트라우마가 후성유전적 방식으로 자손에게 전달될 수 있다는 가능성을 제시하며, 전통적인 유전학의 범위를 뛰어넘는 새로운 유전 개념을 열어 가고 있습니다. 인간의 성격, 지능, 행동 특성 역시 유전자와 환경의 역동적인 상호작용의 산물로 이해되어야 하며, 문화와 정신 구조에까지 영향을 미치는 유전적 생태학의 필요성이 부각됩니다.

   헨리에타 랙스의 HeLa 세포 사례는 생명의 불멸성을 상징함과 동시에, 생명윤리라는 커다란 과제를 제기합니다. 하나의 인간 세포가 얼마나 거대한 과학적 진보와 무거운 사회적 책임을 함께 품을 수 있는지를 보여 주는 상징적인 사건입니다. 나아가 인간의 문화 역시 유전자처럼 진화하며, 한국의 K-컬처(K-culture)는 높은 사회적 연결성과 창의성, 재해석 능력을 통해 문화적 유전체의 진화 가능성을 보여 주는 대표적 사례로 소개됩니다. 반면, 초저출산, SNS 중독, 정신적 스트레스와 같은 한국 사회의 병리적 징후는 생물학적 본능, 기술 환경, 사회적 압력의 삼중 작용으로 이해되며, 이러한 문제의 해결은 생물학과 사회학, 심리학의 통합적 접근 없이는 불가능하다는 점을 강조합니다.

   이 책은 인간이 더 이상 자연 진화의 수동적 결과물이 아닌, 스스로 진화를 설계하는 존재로 변화하고 있음을 선언합니다. 유전자 편집, 합성생물학, 클로닝, 디지털 트윈 등의 기술은 인간이 생물학적 시간과 구조를 능동적으로 조절할 수 있는 시대를 열었습니다. 이제 인간은 자신의 후손뿐 아니라, 자신의 유전자 발현 방식과 존재 양식을 기술로 관리할 수 있는 존재가 된 것입니다. 이러한 진화의 다음 단계에서 저는 '호모 인텔리전스(Homo Intelligence: HI)'라는 개념을 제안합니다. 이는 인간 유전체, 인공지능, 문화적 자아가 융합된 새로운 존재로, 단지 인간의 확장이 아니라 인류의 지능 진화사에서 새로운 종의 출현을 의미합니다.

   이제 우리는 AI와 공존하는 새로운 문명의 지평에 서 있습니다. 이 책은 호모 사피엔스가 어떻게 지금에 이르렀는지를 되짚으며, 앞으로 인간이 어떤 방향으로 진화할 수 있을지에 대한 과학적 나침반을 제공합니다. 인간은 더 이상 관찰자가 아니라 생물학과 기술, 문화의 삼각지대를 넘나들며 자기 진화를 설계하고 이끌어 갈 수 있는 주체적 창조자입니다. 『호모 인텔리전스 게놈 나침반』은 그 변화의 시점에 놓인 우리에게 지금이야말로 인간 진화의 다음 장을 열어야 할 순간임을 강하게 일깨워 줍니다.

English Summary
Homo Intelligence Genome Compass

"Homo Intelligence Genome Compass" redefines human being not as a static genetic blueprint but as an evolving, information-based entity shaped through complex interactions from genomic data, environmental cues, cultural dynamics, and cutting-edge technologies such as artificial intelligence (AI). The book presents a compelling argument that evolutionary journey from Homo habilis to Homo sapiens has never followed a straight or pure lineage. Modern humans are not genetically "pure" but are biological mosaics, carrying the legacy of Neanderthals and Denisovans. This illustrates that diversity, hybridity, and interspecies interaction are not exceptions, but fundamental mechanisms of survival and adaptation.

The heart of this work is the concept of the "Genome Compass," which recasts DNA not as a rigid architectural plan but as a dynamic operating system. DNA does not merely store genetic information—it senses environmental stimuli and modulates gene expression through epigenetic modification. The so-called "junk DNA," once dismissed as meaningless, is now understood to be essential for complex regulation, passing some adaptive traits across generations. Likewise, mitochondria—once independent bacteria—reside symbiotically within our cells, driving energy metabolism and aging. Furthermore, the microbiome, genomic ecosystem within and around us, extends its influence beyond food digestion to immunity, brain health, and behavior, reminding us that the human being is not a singular organism but complex ecological collectives.

Genetic malfunctions—mutations, transposons, and endogenous retroviruses(ERVs)—could be a driving force for creative evolution. For example, Syncytin, a protein critical to placental development in mammals, originates from viral genes embedded in our genome. Even the Y chromosome, while diminutive and less recombinative, offers an insight into male lineage and evolutionary constraints, reflecting the genome's capacity for both degradation and innovation.

Based on the biological framework, the book reinterprets modern health challenges such as ADHD, obesity, infertility, and cancer through a lens of the new complex system. The driving force is neither pure genetic nor purely environmental, but arise from multilayered interactions among endocrine disruptors, chronic stress, nutritional shifts, and genetic predispositions. New researches support that environmental traumas and psychosocial stressors can be transmitted epigenetically across generations, thereby expanding the scope of heredity beyond the classical genetics. Even traits like intelligence, personality, and behavior are understood here as the result of dialogue between genes and environment—one that extends into our social and cultural fabric.

The story of Henrietta Lacks and the immortal HeLa cells

encapsulates the dual nature of scientific potential and ethical responsibility. On a broader scale, culture itself evolves in a quasi-genetic fashion. South Korea's K-culture, for example, is highlighted as a hyper-adaptive cultural genome—driven by connectivity, creativity, and resilience. However, the same society faces many challenges such as ultra-low birth rates, social media addiction, and chronic stress, all of which reflect the combined effects of biology, technology, and social pressure. The book underscores the need for integrative approaches integrating biology, sociology, and psychology to solve these complex issues.

Ultimately, the book contends that humans are no longer passive outcomes of natural selection. Through synthetic biology, gene editing, cloning, and digital twin technologies, we are now able to manage and reconfigure biological time and destiny. We are becoming architects of our own evolution. In the new paradigm, the author introduces the concept of Homo Intelligence (HI)—a post-sapiens entity forged from the convergence of genome, AI, and cultural consciousness. This is not merely an extension of human capability, but a dawn of co-evolution of a new species-a new chapter in the history of intelligence.

As we enter an era of artificial intelligence, this book offers both a retrospective and a prospect. It traces the long arc of human evolution to understand how Homo sapiens came to be and then looks forward to what humanity might become. No longer observers of evolution, we are now the designers of it. Homo Intelligence: Genome Compass invites us to grasp the unprecedented moment in our age to embrace both potential and responsibility of directing our own evolutionary path.

제1장
새로운 인류와 지능
Human to Homo intellectus
Machine to Artificial intelligence

호모 사피엔스: 진화 유전학 이야기

호모 사피엔스는 누구인가

호모 사피엔스는 라틴어로 '지혜로운 인간(wise human)'이라는 뜻으로, 오늘날 인류를 지칭하는 현생 인류의 학명(scientific name)입니다. 학명은 일반적으로 라틴어로 작성되며, '*Homo sapiens*'처럼 이탤릭체로 표기하는 것이 원칙입니다. 또한, 속(genus) 이름의 첫글자는 대문자로, 종(species) 이름은 소문자로 표기하는 것이 학술적 표기법입니다. 이 명칭은 인간이 도구를 사용하는 신체적 능력을 넘어서 추상적 사고, 상징적 언어, 사회적 조직력을 갖춘 존재라는 점을 강조합니다. 우리는 단순히 진화한 동물이 아니라, 학습을 통해 정보를 축적하고 전달하며, 자신과 미래를 설계할 수 있는 종입니다.

호모 사피엔스의 기원, 아프리카

과학계는 유전학, 고고학, 해부학 등 다양한 증거를 바탕으로 호모 사피엔스의 기원이 아프리카 대륙이라는 데 대체로 동의합니다. 이른바 아프리카 기원설(Out of Africa) 이론은 이러한 자료들에 의해 강하게 지지되며, 이에 따르면 현생 인류는 약 30만 년 전 아프리카에서 처음 등장한 것으로 보입니다.

에티오피아, 모로코, 남아프리카 공화국 등지에서 발견된 초기 인류의 화석과 유전자 분석은 이 가설을 뒷받침합니다. 특히 미토콘드리아 DNA 분석을 통해, 모든 인류는 약 15만~20만 년 전 아프리카에 살았던 한 여성(미토콘드리아 이브)의 유전자를 공유하고 있음을 보여 주었습니다. 이는 인류가 한 지역에서 시작되어 지구 전역으로 퍼졌다는 모델을 과학적으로 강화했습니다.

진화의 발걸음: 왜 호모 사피엔스가 살아남았는가

호모 사피엔스는 수많은 인류 종 가운데 유일하게 현재까지 생존하며 번성해 온 종입니다. 이는 단순한 생물학적 우연이 아니라, 유전적, 신경학적, 사회문화적 적응력의 복합체 덕분입니다. 무엇보다 인간은 언어와 문자로 생각을 전달하고, 문화와 지식을 세대 간에 전수할 수 있었습니다. 또한 정교한 도구 제작 능력, 집단 협력, 공동 육아, 예술 및 의례 행위 등은 뇌 발달과 사회적 행동에 영향을 주는 특이한 유전자들의 상호작용을 통해 가능해졌습니다. 이와 같은 특성은 호모 사피엔스가 다양한 기후와 생태 환경 조건 속에서도 살아남고, 오히려 문화적, 기술적 진화를 이끌 수 있었던 원동력이 되었습니다.

유전학적 관점에서 본 호모 사피엔스

호모 사피엔스의 유전체는 단순한 정보 저장소가 아니라, 진화의 흔적과 생물학적 전략이 기록된 역사서입니다. 인간 유전체는 약 30억 쌍의 DNA 염기로 구성되어 있으며, 이 중 99.9%는 모든 인류가 공통으로 공유하고 있지만, 나머지 0.1%의 차이가 바로 피부색, 신체 특성, 질병 감수성, 대사 능력, 인지 특성 등의 다양성을 결정합니다.

흥미로운 사실은 오늘날 인간 유전체의 일부가 멸종한 인류 종과 혼합된 결과라는 것입니다. 유전적 분석에 따르면, 유럽과 아시아인의 DNA에는 네안데르탈인의 유전자 1~2%가 포함되어 있으며, 일부 동아시아인과 오세아니아인의 DNA에는 데니소바인 유전자도 3~6% 포함되어 있습니다. 이 유전자들은 면역 체계, 고산 적응, 피부색 등에 영향을 미쳤고, 이는 호모 사피엔스가 도전과 변화 그리고 융합을 통해 새로운 환경에 빠르게 적응할 수 있었던 생물학적 기반을 제공했습니다.

인간 고유 유전자의 발현

진화 생물학자들은 인간만의 고유한 인지 능력과 사회적 특성을 설명하기 위해 몇몇 중요한 유전자에 주목해 왔습니다. 그중 대표적인 것이 FOXP2 유전자로, 이는 인간의 언어 능력과 발성 조절에 깊이 관여하는 유전자로 알려져 있습니다. 흥미롭게도 FOXP2 유전자는 네안데르탈인에게도 존재했지만, 호모 사피엔스에서는 이 유전자의 조절 메커니즘과 발현 양식이 달라져 복잡한 언어 처리가 가능해졌을 것으로 추정됩니다.

또 다른 주목할 유전자는 HAR1(Human Accelerated Region 1)입니다. 이는 인간의 대뇌 피질 발달, 특히 인지와 고차원적 사고를 담당하는 부위와 관련이 있는 유전자로, 다른 영장류에 비해 진화 속도가 매우 빠른 유전자 영역입니다. 이러한 유전자들의 구조 변화와 발현 조절은 호모 사피엔스의 고도화된 인지 능력, 창의성, 사회적 유대 형성 능력에 기여하는 생물학적 토대를 형성한 것으로 여겨집니다.

결과적으로 이러한 인간 고유의 특성 유전자들이 발전하면서, 호모 사피엔스는 다른 종들과의 경쟁에서 생존 우위를 확보했고, 오늘날처럼 지구와 생태계를 지배하는 번성한 종으로 진화해 올 수 있었습니다.

후성유전학: 유전자 위에 쓰이는 이야기

흥미롭게도 인간의 특징은 유전자 서열 자체보다 그 유전자가 어떻게 발현되느냐에 더 많은 영향을 받습니다. 이는 후성유전학(epigenetics)의 영역으로, 유전자 위에 덧씌워지는 화학적 표시(예: 메틸화, 아세틸화 등)를 통해 특정 유전자가 켜지거나 꺼지게 됩니다.

이러한 조절은 환경, 스트레스, 감정, 식습관, 사회적 경험에 따라 변화할 수 있으며, 심지어 일부는 후대에까지 전달되기도 합니다. 후성유전학은 동일한 유전자를 지닌 일란성 쌍둥이라도 성격이나 건강 상태가 달라질 수 있는 이유를 설명해 줍니다. 나아가, 현대 사회의 문화적·사회적 다양성과 유전적 표현형 간의 상호작용을 이해하는 데 핵심적인 개념으로 자리 잡고 있습니다.

유전자와 문화의 공동 진화

호모 사피엔스는 단순히 환경의 영향을 수동적으로 받는 생명체가 아닙니다. 오히려 인간은 환경을 능동적으로 변화시키고, 그 변화된 환경이 다시 인간의 유전자 발현과 진화 방향에 영향을 미치는 이중적 피드백 구조를 만들어 내는 독특한 종입니다. 이러한 상호작용은 진화생물학에서 '유전자-문화 공동 진화(gene - culture coevolution)' 이론으로 설명됩니다.

이 이론의 대표적인 사례로는 유당 분해 능력의 진화가 있습니다. 대부분의 포유류는 젖을 떼고 성장함에 따라 락타아제(lactase) 효소의 발현이 감소하여 성인이 되면 우유 속 유당을 소화하지 못하게 됩니다. 그러나 약 7,000~1만 년 전, 농업과 목축이 발달하면서 유럽과 중앙아시아 일부 집단에서 소를 길러 젖을 짜 마시는 문화가 정착했습니다. 이 문화적 변화는 성인기에도 락타아제 유전자(LCT)의 발현이 지속되도록 하는 유전적 돌연변이에 선택적 이점을 부여했고, 그 결과 해당 유전형이 빠르게 퍼지게 되었습니다. 이는 특정 문화적 습관이 유전자의 선택 압력을 바꾸고, 인간의 생리적 특성 자체를 변화시킨 대표적인 사례입니다.

이렇듯 인간의 유전자는 문화의 변화를 수동적으로 따라가는 것이 아니라, 문화가 형성한 환경적 압력과 선택 조건 속에서 능동적으로 재구성되며 진화적 경로를 형성합니다. 다시 말해, 인류는 자신이 만든 문화에 의해 다시 만들어지는 존재이며, 유전자와 문화는 서로를 조율하며 인류 진화의 방향성을 결정하는 동반자적 관계를 이루고 있는 것입니다.

유전체를 해독하고 정보를 지능화한 존재

호모 사피엔스는 더 이상 유전자의 명령을 수동적으로 따르는 존재가 아닙니다. 우리는 수십만 년 동안 생존과 번식을 위한 자연선택의 법칙에 따라 진화해 왔지만, 이제는 그 유전자의 언어를 해독하고 이해할 수 있는 지적 능력을 갖춘 존재가 되었습니다. 게놈(genome)이라는 생명의 언어는 더 이상 신비한 암호가 아닙니다. 그것은 우리가 연구하고 편집하며 삶의 방향을 설계할 수 있는 도구로 변모한 것입니다.

이는 인간이 단순히 유전자의 배열을 읽을 수 있다는 의미를 넘어서, 스스로 생물학적 운명을 선택하고 조정할 수 있는 능동적 진화의 주체로 전환되고 있다는 뜻입니다. CRISPR 유전자 편집과 같은 정밀한 유전공학 기술, 후성유전학적 리프로그래밍, 인공지능 기반의 유전체 해석 기술 등은 모두 호모 사피엔스가 스스로의 생물학적 설계도에 손을 대기 시작했음을 보여 주는 이정표입니다.

더 나아가 우리는 이제 개인의 유전자 정보를 기반으로 맞춤형 치료와 예측 의학, 질병 예방, 노화 지연, 심지어 지능 향상과 감성 조절이라는 영역까지 탐색하고 있습니다. 유전자는 더 이상 '운명'이 아니라, 의식과 윤리, 선택에 따라 조율할 수 있는 '가능성의 지도'가 된 것입니다.

이처럼 호모 사피엔스는 인류 역사상 처음으로 자신의 생물학적 코드를 이해하고, 그것을 통해 자신의 미래를 설계할 수 있는 생명체가 되었습니다. 이는 다윈이 말했던 "가장 적응하는 자가 살아남는다."는 진화의 법칙을 넘어서 "자신을 이해하고 개선할 수 있는 자가 스스로 진화의 방향을 이끌게 된다."라는 새로운 원리를 보여 줍니다.

결국 우리가 '지혜로운 인간', 즉 호모 사피엔스이라 불리는 이유는, 단지 과거의 진화 과정을 통해 지능을 얻게 되었기 때문만이 아니라, 지능을 통해 진화를 되돌아보고, 그 방향을 스스로 설정할 수 있는 존재가 되었기 때문입니다. 인간은 이제 유전자를 따라 살아가는 존재가 아니라 유전자를 통해 자신의 삶을 재구성하고, 미래를 설계할 수 있는 정보 기반의 창조자가 되었습니다. 이것이야말로 호모 사피엔스라는 이름에 담긴 과학적 정수이자 생명체 진화의 가장 혁명적인 전환점이며 새로운 인류인 호모 인텔리전스의 탄생이라 할 수 있습니다.

"사람은 유전자로 태어나지만, 지혜로 미래를 만든다."

호모 인텔리전스의 탄생

인류의 기원

인류의 기원은 약 240만 년 전, 동아프리카에서 등장한 호모 하빌리스로부터 시작되었습니다. '손재주 있는 인간'이라는 뜻을 가진 이들은, 최초로 석기를 사용한 인간으로 알려져 있습니다. 돌을 도구로 사용하게 되었다는 것은 단순한 행동의 진보를 넘어 진화의 방향을 결정짓는 중요한 전환점이었습니다. 도구의 사용은 인간에게 환경에 능동적으로 개입하고 적응할 수 있는 능력을 제공했으며, 이는 다른 어떤 동물도 따라오지 못한 진화적 이점을 만들어 냈습니다.

이후 인류는 호모 에렉투스, 호모 네안데르탈렌시스, 그리고 다양한 고대 인류와 경쟁, 융합을 거치며, 약 30만 년 전 오늘날의 현생 인류, 호모 사피엔스로 등장하게 됩니다. 호모 사피엔스는 신체적으로는 자연의 거친 환경에서 살아남기에는 그리 강하지 않은 존재였습니다. 빠른 사냥꾼도, 두꺼운 털가죽으로 무장한 생물도 아니었지요. 하지만 인간은 도구, 언어, 그리고 무엇보다 정보를 다루는 능력으로 그 한계를 뛰어넘었습니다.

정보와 지능으로 진화한 존재 호모 인텔리전스

이제 우리는 인류 진화의 새로운 전환점에 서 있습니다. 그것은 바로 호모 인텔리전스, 즉 정보를 기반으로 진화하는 인간의 시대입니다. 이 책에서는 호모 인텔렉투스(Homo intellectus)라는 라틴어 형식의 가상 학명을 제시합니다. 이는 '지능(intelligence)의 인간(human)'이라는 뜻으로, 자연선택에 의해 형성된 기존의 호모 사피엔스를 넘어서는 미래형 정보와 지능에 기반한 인간을 의미합니다. 그러나 독자의 이해와 대중적 용어 사용을 고려하여 본문에서는 보다 직관적인 표현인 호모 인텔리전스라는 용어를 사용합니다.

호모 인텔리전스는 단순히 IQ가 높은 인간이 아닙니다. 이들은 정보를 창출하고, 가공하고 해석하며, 심지어는 유전체 수준에서까지 제어할 수 있는 존재입니다. 즉, 정보를 '이해하는' 단계를 넘어서 정보를 자신의 생물학적 사회적 진화 도구로 활용하는 능동적 종을 의미합니다. 기존의 진화는 수백만 년에 걸쳐 자연선택과 생물학적 적응이라는 느린 메커니즘을 통해 이루어졌습니다. 하지만 지금 우리는 AI, 빅데이터, 유전체 정보(genomic information)가 진화의 주도권을 가져가는 급진적 진화의 시대에 진입하고 있습니다.

취약함을 넘는 적응의 힘

생물학적으로 인간은 분명 취약한 종입니다. 포식자에게서 달아나기에도, 극한의 환경에서 생존하기에도 적합하지 않은 신체 구조를 가졌습니다. 하지만 인간은 공존과 도구화, 언어와 사회성, 추론과 감성이라는 복합적 능력의 총합을 통해 생존을 넘어 번영하게 되었습니다. 그것이 바로 '생물학적 열세를 도구와 학습과 정보적 우위로 전환한 종'으로서의 인간의 진짜 면모입니다.

자연은 진화의 과정에서 반복적으로 하나의 교훈을 전해 주었습니다. 그것은 곧 진정으로 살아남는 종은 가장 강한 종이 아니라 주어진 상황에 가장 잘 적응하는 종이라는 것입니다. 그리고 인간은 변화에 대응하고 틀을 벗어나 사고하고 행동하며, 새로운 환경에 적응할 줄 아는 존재였습니다. 기존의 생각의 틀에 갇히는 순간, 진화도 발전도 멈추게 됩니다. 이것이 인간의 유전자가 오랜 시간 동안 모든 생명체에게 일러준 가장 강력한 메시지이기도 합니다.

호모 인텔리전스 게놈: 유전자의 언어로 구성된 인간의 나침반

이 책은 바로 이러한 시대적 전환에 대한 안내서입니다. 유전체는 이제 우리 삶의 방향을 제시해 줄 나침반이 되었습니다. 불확실성과 격변의 시대에 있는 지금, 우리는 유전자의 언어를 통해 스스로를 이해하고 미래를 설계하며, 인류의 다음 단계를 상상할 수 있게 되었습니다.

호모 인텔리전스는 기술과 정보, 인공지능과 감성의 융합으로 등장한 신인류의 진화 입니다. 이 새로운 인간은 더 이상 본능이나 환경의 지배만을 받는 존재가 아니라, 스스로를 진화시키는 지능적 존재입니다.

이 책은 바로 그 새로운 길을 함께 열어 갈 나침반이자, 우리의 지성과 상상력을 미래로 이끄는 등불이 될 것입니다. 우리는 지금 우리 자신을 다시 정의하는 시점에 서 있습니다. 그리고 그 정의는 결국 우리의 정보와 그것을 읽는 우리의 지성에서 비롯될 것입니다.

인류가 맞이하는 가장 지능적인 진화의 서막

이제 인간은 단순한 생명체가 아니라, 정보의 흐름 그 자체가 되었습니다. 과거 호모 하빌리스가 도구를 들고 환경에 대응하는 진화를 시작했다면, 오늘날의 호모 인텔리전스는 유전체와 인공지능 로봇이라는 새로운 도구를 통해 자기 자신을 설계하는 진화를 시작하고 있습니다. 우리는 더 이상 자연의 피실험체가 아니라, 진화를 선택하고 조정할 수 있는 실험자입니다. 이것은 생물학적 진화 그 자체가 의식과 기술을 통해 다시 쓰이는 순간이며, 호모 사피엔스가 자기 자신을 재정의하는 진화의 다음 단계입니다.

이제 유전체는 단순한 생물학적 설계도가 아니라 미래를 탐험하는 정보의 나침반입니다. 바야흐로 인간은 정보를 통해 다시 태어나고 있는 것입니다. 이것이 바로 호모 인텔리전스의 시대이며, 인류가 맞이하는 가장 지능적인 진화의 서막입니다. 이 책은 그 방향성을 해독하고 인간 스스로의 다음 단계를 선택하는 데 필요한 새로운 언어를 제공합니다. 변화와 불확실성이 지배하는 시대, 우리는 이 나침반을 통해 삶의 목적과 진화의 좌표를 재정립할 수 있습니다.

결국 호모 인텔리전스는 인간의 진화가 도달한 새로운장입니다. 이 새로운 장을 여는 열쇠는 '정보를 학습하고 이해하는 지능', 그리고 그

지능이 선택한 도구인 게놈 나침반입니다.

"신인류인 호모 인텔리전스는
지능으로 진화하고, 정보로 운명을 다시 쓴다."

인간 속의 또다른 인간: 네안데르탈인과 데니소바인

한 종(種)이 되기까지

호모 사피엔스는 현생 지구상에 존재하는 유일한 인간종입니다. 하지만 지구에는 그동안 많은 다른 종의 인간들이 함께 살고 있었습니다. 각 인간 종은 출현 시기와 거주 지역이 다르기도 했지만, 일부 종은 같은 시기에 거주하면서 지리적인 이동 등에 의해 접촉하기도 했으며, 교배도 일어났던 것으로 파악됩니다. 하지만 어떤 이유에서인지 다른 인간 종들은 점차 멸종되었고, 유일하게 현생 인간인 호모 사피엔스만이 지금까지 생존하며 번성하게 되었습니다.

"지금 지구상에 존재하는 유일한 인간은 우리뿐이다."

하지만 과학은 이 단순한 자부심에 조용히 질문을 던집니다. "정말, 우리는 순수한 호모 사피엔스인가요?" 현대 유전체 분석 기술은 놀라운 사실을 밝혀냈습니다. 우리의 DNA 속에는 이미 멸종한 다른 인간형 인류, 즉 '타인'의 유전자가 일부 남아 있다는 것입니다. 그 타인이란 바로 네안데르탈인과 데니소바인입니다.

고대 인류와 현생 인류의 출현

이름	출현 시기	지역	특징 및 의미
Homo habilis	약 240만~140만 년 전	아프리카	최초로 석기를 사용, 뇌 용적 600~700cc
Homo erectus	약 190만~5만 년 전	아프리카, 유라시아	불 사용, 장거리 이동, 인류 최초의 대이동 주역
Homo heidelbergensis	약 70만~30만 년 전	아프리카, 유럽	사피엔스와 네안데르탈인의 공통 조상으로 추정, 대형 동물 사냥 가능
Homo neanderthalensis	약 40만~4만 년 전	유럽, 중동	추운 기후에 적응, 장례문화 존재, 사피엔스와 교배 흔적 있음
Homo floresiensis	약 10만~5만 년 전	인도네시아 플로레스 섬	호빗 인간, 키 1m 미만, 고립 환경에서 소형화된 인간
Homo luzonensis	약 7만 년 전	필리핀 루손 섬	소형 인간, 플로레시엔시스와 유사한 독립 진화 경로
Homo naledi	약 30만 년 전	남아프리카	작은 뇌에도 매장 문화 등 고등 행위 증거 존재
Denisovans	발견: 2008년, 출현 시기 불명	시베리아, 동아시아	네안데르탈인과 가까운 계통, 현대인과의 교배 유전 흔적 존재 (2~6%)

유전자의 유령: 사라진 인류의 흔적

2008년, 시베리아 알타이 산맥의 한 동굴에서 작은 뼈 조각이 발견됩니다. 겉보기엔 별 특징 없는 손가락 뼈였지만, 게놈 분석 결과는 충격적이었습니다. 그 유전체는 호모 사피엔스도, 네안데르탈인도 아니었으며, 전혀 새로운 인류 계통의 흔적―우리가 '데니소바인(Denisovan)'이라 부르게 된 존재였습니다. 더 놀라운 사실은 그 유전자가 일부 현대인들에게도 남아 있다는 것입니다. 동아시아, 멜라네시아, 티베트 고원 지역 사람들에게서 2~6%에 해당하는 데니소바인 유전자가 확인되었습니다. 그리고 유럽과 서아시아 사람들에게서는 1~4%의 네안데르탈인 유전자가 남아 있다는 것이 이미 확인된 바 있습니다. 즉, 현생 인류인 우리는 단지 호모 사피엔스가 아니라 과거에 사라진 다른 인류 종들과의 교류와 혼합의 결과로 만들어진 유전적 '합성체'라는 사실이 드러난 것입니다.

내 유전자 안에 들어온 타인

약 6만 년 전 아프리카에서 출발한 호모 사피엔스는 유라시아로 퍼져 나갔습니다. 그 여정의 길목에서 그들은 이미 그곳에 자리 잡고 있던 네안데르탈인과 마주쳤고, 동쪽으로 이동한 일부 집단은 데니소바인과도 조우했습니다. 서로를 경계했을 수도 있고, 충돌했을 수도 있습니다. 하지만 중요한 것은 교류가 일어났고 그중 일부가 교배하여 후손이 태어났다는 것입니다. 그 교배는 한두 번의 사건이 아니라 수천 년에 걸쳐 일어난 것으로 추정됩니다. 그 결과 그들의 유전자는 사라진 육신과는 달리 오늘날까지 우리 인류의 유전자 속에 일부 이어지게 된 것입니다.

고대 유전자, 지금도 작동하는 생존 전략

흥미롭게도 이 유전자들은 단지 과거의 기록이 아니며 일부는 특별한 기능적인 역할을 합니다. 네안데르탈인 유래 유전자 일부, 즉 TLR 유전자군은 병원체 인식 및 초기 면역반응 조절에 관여하는 면역 시스템을 강화하는 유전자로 밝혀졌습니다.

데니소바인에서 유래된 EPAS1 유전자는 티베트 고원 사람들의 저산소 환경 적응에 핵심 역할을 하고 있습니다. 이 유전자가 없다면 티베트인은 고산에서 출산과 성장에 어려움을 겪었을 것입니다. 일부 유전자는 피부색, 땀샘의 기능, 체지방 축적 방식 등에 영향을 주어 기후 적응에 유리하게 작용한 것으로 보입니다. 즉, 고대 인간은 사라졌지만 그들 유전자의 일부는 지금의 인류 유전자 속에 남아 특별한 생존 전략으로 작동하고 있습니다.

혼혈 인류

유전적으로 보면 우리는 100% 순수한 호모 사피엔스가 아닙니다. 우리는 유전자적으로 '혼혈 인류(hybrid humans)'에 가깝습니다. 그럼 왜 호모 사피엔스만 지금까지 살아남았을까요? 정확한 이유는 아직 학계에서 논쟁 중이지만, 가능한 원인은 다음과 같습니다.

- **더 뛰어난 사회성과 협력 능력:** 사피엔스는 언어, 문화, 집단 전략이 강했고, 타 종보다 정보 공유 능력이 탁월했음
- **더 빠른 적응과 이동:** 지리 기후 변화에 대한 민감한 적응력, 해양과 사막 등 다양한 환경 개척

- **타 종과의 교배 및 흡수:** 일부 종(네안데르탈인, 데니소바인 등)은 혼혈과 융합을 통해 생존의 가능성을 높임
- **유전적 병목 또는 질병 극복:** 대부분의 종들은 감염병, 유전자 다양성 감소, 번식력 저하 등으로 소멸

이는 단지 유전학적 사실 이상의 의미를 가집니다. 우리는 인간이란 존재 자체가 혼합과 융합 그리고 환경의 적응과 개척의 결과라는 것을 알 수 있습니다. 또한 일부 멸종된 인간은 그들의 육체는 사라졌을지 몰라도, 그 유전적 흔적은 우리 몸에서 여전히 숨 쉬고 있습니다.

융합의 언어, 진화

우리는 단일하고 순수한 인간 종의 후손이 아닙니다. 현대 유전체학은 이제 인간이라는 존재를 단순한 '호모 사피엔스'로 정의하지 않습니다. 오히려 우리는 호모 네안데르탈렌시스, 데니소바인, 그리고 수많은 이름조차 남기지 못한 고대 호모 종들과의 유전적 협주곡 위에 세워진 융합체입니다. 우리의 유전자 지도는 단지 '인간'이라는 한 줄기 계보가 아니라, 수십만 년에 걸친 이주, 교류, 생존, 적응 그리고 사랑과 탄생의 반복을 통해 여러 종의 흔적이 교차하고 섞인 다층적인 진화의 역사입니다.

그들의 육체는 계보에서 사라졌을지 몰라도, 그 생존 전략과 생명 정보는 우리 세포 속에 아직 살아 있다는 사실을 알고 있습니다. 이것은 진화가 경쟁과 도태만이 아니라 융합과 공존이라는 언어로도 쓰인다는 증거입니다. 인간의 정체성은 이처럼 다양한 경로를 거쳐 흡수하고 소화하

며 살아남아 온 복합성과 다층성 위에 존재하는 살아 있는 증거입니다.

"인간은 유일한 종이 아니라,
많은 종의 유전자가 잠들어 있는 다중 생명의 도서관입니다."

진화의 정의: 정보의 선택과 전달

유전자가 선택한 삶의 이야기

우리는 종종 '진화'라는 단어를 들으면, 먼 과거 공룡이 살던 시대부터 지금의 인류에 이르기까지의 거대한 변화를 떠올립니다. 일부 사람들은 원숭이가 진화해서 사람이 되었다고도 합니다. 하지만 진화는 그렇게 거창하고 추상적이거나 멀기만 한 개념이 아닙니다. 진화는 지금 이 순간에도 우리 몸 안 세포 속에서, 그리고 신생아의 탄생에서 아주 조용히 그리고 끊임없이 진행되고 있는 정보의 선택과 전달 과정입니다.

이 책에서는 진화를 "나의 환경과 습관에 의한 학습에 의해 선택된 정보가 유전자라는 코드에 의해 자연에 의해 선택(natural selection)되어 다음 세대에 전달되는 정보의 흐름"이라는 관점에서 새롭게 바라보고자 합니다.

생명의 설계도, 유전자

우리 몸의 모든 세포 속에는 DNA, 즉 유전자가 들어 있습니다. 유전자는 마치 레시피처럼 우리의 몸을 어떻게 만들고 유지할지를 안내하는 생명의 설계도입니다. 이 유전자는 단순히 눈 색깔이나 키를 결정하는 것이 아니라, 우리가 어떤 환경에서 살았고 어떤 방식으로 적응했는지를 간접적으로 반영합니다. 그렇다면 이 유전자는 어떻게 변화할까요? 변화는 '변이'나 '재조합' 같은 유전적 사건을 통해 일어나지만, 어떤 유전자가 살아남을지는 오직 자연이 결정합니다. 이것이 바로 자연선택(natural selection)입니다.

유전자를 선택하는 필터

진화에서 환경은 마치 오디션 심사위원과 같습니다. 다양한 유전적 특성이 나타나더라도 환경에 적합한 형질만이 살아남고 다음 세대로 전달될 수 있습니다. 예를 들어, 북극처럼 추운 환경에서는 체온을 잘 유지하는 유전형이 유리하고, 사막처럼 뜨거운 곳에서는 열을 잘 방출하는 특성이 생존에 도움이 됩니다. 이러한 특성들은 세대를 거치면서 점점 강화되며, 결국 그 생물 종의 특징으로 자리 잡게 됩니다. 자연은 적응하지 못한 유전자를 과감히 도태시키고, 적응한 유전자만을 다음 세대로 넘깁니다.

진화를 이끄는 또 다른 요건들: 학습, 경험, 습관

진화를 단지 유전자의 돌연변이에 의한 변화로만 이해하는 것은 절반의 설명에 불과합니다. 인간처럼 고도화된 학습 능력을 가진 생명체는 환경에서 얻은 지식, 경험, 그리고 습관이 진화에 중요한 역할을 합니다. 이러한 정보들은 유전자의 염기서열을 바꾸기보다는 후성유전학적 방식으로 전달됩니다. 즉, DNA 위에 일종의 '태그(tag)'처럼 부착되어 유전자의 발현을 조절하며, 짧은 시간 안에 선택적으로 정보를 전달할 수 있습니다.

예를 들어, 사회성, 언어 능력, 도구 사용, 식습관 등은 후천적으로 학습되지만, 이러한 학습 능력 자체는 후성유전적 방식으로 대물림될 수 있습니다. 이러한 변화가 오랜 시간 지속되고 반복될 경우에는 결국 DNA 수준의 영구적인 변화, 즉 유전적 변이로 자리 잡기도 합니다. 결국 학습과 습관은 생존에 유리한 특성으로 작용하며, 시간이 지나면서 진화의 일부로 통합되는 것입니다. 행동의 변화가 생물학적 변화를 이끄는 진화의 또 다른 경로인 셈입니다.

선택된 정보는 유전자에 저장되어 다음 세대로

환경과 학습을 통해 선택된 정보가 유전자로 '코딩'되면, 그 유전자는 다음 세대에게 전달됩니다. 이는 단순히 생명의 연장이 아니라, 삶의 방식과 전략, 적응의 결과가 축적된 정보의 대물림입니다. 우리는 조상으로부터 물려받은 DNA 속에 그들의 생존을 위한 전략과 흔적을 품고 있습니다. 우리가 추운 날씨에 피부가 수축하거나, 밤에 잘 쉬도록 뇌가 멜라토닌을 분비하는 것도 모두 진화가 남긴 흔적입니다.

진화는 무작위적인 변화가 아닙니다. 수많은 변화 중에서 자연이 선택한 것만이 살아남고, 그 결과만이 다음 세대로 이어집니다. 즉, 진화는 선택된 변화의 역사입니다. 이 선택은 생존을 통해 삶의 질을 높이는 방향으로 진행됩니다. 우리는 그 선택의 결과물로 존재하고 있으며, 지금도 다음 세대를 위한 정보를 몸속에 새기고 있습니다.

삶의 지혜를 유전자로 옮기는 과정

진화는 단지 긴 시간이 지나 생물이 바뀌는 과정이 아닙니다. 그것은 우리 조상이 겪은 환경과 경험, 생존과 도전, 학습과 적응이 모두 유전자라는 정보의 코드로 정리되어 자연이라는 검증 절차를 거친 뒤 다음 세대에게 전달되는 이야기입니다. 우리 안의 DNA는 생명이라는 드라마의 기록입니다. 그리고 그 기록은 지금 이 순간에도 조용히, 그리고 확실하게 우리를 다음 세대로 안내하고 있습니다.

"진화는 환경과 경험 속에서 선택된 삶의 지혜가
유전자의 언어로 다음 세대에 기록되는 자연의 이야기입니다."

생명체 진화와 인공지능 진화

생명체 진화는 자연선택의 긴 여정

생명체의 진화는 생명이 탄생한 이래 수십억 년에 걸쳐 이루어진 장대한 여정입니다. 지구상의 모든 생명체는 무작위적인 유전자 변이와, 그 변이를 걸러내는 냉정한 자연선택을 통해 진화해 왔습니다. 특정 환경에서 생존과 번식에 유리한 특징을 가진 생명체만이 살아남고, 그 유리한 특징을 후세에 물려주면서 점차 더 복잡하고 정교한 생명체로 발전해 온 것입니다.

예를 들어, 포유류가 육지에 진출한 것은 단순히 한 세대의 변화로 이루어진 것이 아닙니다. 이는 수많은 세대에 걸친 작은 유전자 변이들이 누적된 결과입니다. 이 모든 과정은 계획된 것이 아니라 자연이라는 환경이 살아남을 수 있는 존재를 선택하는 무정한 심사위원 역할을 하면서 이루어진 것입니다. 생명체의 진화는 결국 '자연의 선택'이 만든 결과물입니다.

설계된 진화: 인공지능과 인간의 선택

이와 달리 인공지능(AI)의 진화 또는 고도화는 완전히 다른 메커니즘을 따릅니다. AI는 무작위적 변이나 자연의 심사 없이 인간이라는 설계자와 평가자에 의해 목표를 부여받고, 데이터를 주입받으며 성능을 시험당합니다. 인간은 AI의 학습 방법을 정하고, 성공 기준을 설정하고, 기준에 맞지 않으면 모델을 폐기하거나 다시 훈련시킵니다. 즉, AI는 자연선택이 아니라, 인간 선택(human selection)이라는 과정을 통해 진화하고 있는 것입니다.

예를 들어, 알파고는 무작정 바둑을 배우지 않았습니다. 구글 딥마인드의 과학자들이 수십만 건의 기보 데이터를 입력했고, 승패 규칙과 최적의 수를 찾는 방법을 훈련시켰습니다. 그래서 알파고는 몇 년 만에 인류 최고의 바둑 고수를 이길 수 있었습니다. 이 과정에는 자연이 개입하지 않았고, 오직 인간이 목표를 설정하고 선택함으로써 이루어졌습니다. 이러한 의미에서 인공지능의 진화는 자연선택이 아닌, 인간에 의해 설계되고 지도되는 인공적 진화라고 할 수 있습니다.

생명과 인공지능, 서로 다른 진화의 메커니즘

비록 선택의 주체는 다르지만, 생명체와 AI 모두 결국 '변화'와 '학습' 그리고 '정보의 선택'의 반복을 통해 점점 더 고도화되어 왔다는 점에서는 공통점을 가집니다. 생명체는 돌연변이와 자연선택의 반복을 통해 점점 더 복잡한 구조와 기능을 갖추게 되었고, AI는 인간이 설계한 알고리즘의 수정과 학습 과정을 반복하면서 점점 더 정교한 사고 체계와 문제 해결 능력을 갖추게 되었습니다.

DNA는 생명체가 축적해 온 정보 저장 장치이며, AI의 신경망 파라미터와 알고리즘은 기계가 축적하는 정보 저장 장치입니다. 서로 다른 방식으로 시작되었지만, 두 체계 모두 정보를 받아들이고, 이해하고, 저장하고, 전파하고, 변형하고, 최적화하는 능력을 키워 온 것입니다. 결국 생명체와 AI 모두, 변화와 선택의 반복 속에서 고도화된 정보 전달 시스템으로 진화하고 있다는 점에서 본질적으로 연결되어 있습니다.

진화의 확장: 자연에서 디지털로

우리는 지금 호모 인텔리전스(HI)의 생명체와 인공 인텔리전스(AI)의 기계 모두가 공존하며 끊임없이 학습하고 선택받으면서 고도화되는 새로운 시대에 살고 있습니다. 생명체는 여전히 자연 속에서 새로운 돌연변이를 겪으며 천천히 진화하고 있지만, 인간의 지능은(HI) 이제 유전자 해독, 편집, 합성 기술과 같은 도구를 통해 스스로 자신의 진화를 설계하려 하고 있습니다.

한편 AI는 인간의 감독 아래 빠르게 학습하고, 경우에 따라서는 스스로 학습 목표를 재설정하는 딥러닝(deep-learning)과 메타러닝(meta-learning) 단계에 이르고 있습니다. 결과적으로 인간 생명체는 자연이라는 정보 시스템 속에서, AI는 인간이 설계한 가상의 디지털 정보 시스템 속에서, 각자 자신의 복잡성과 적응성을 높이며 끊임없이 고도화되고 있는 것입니다.

도구가 아닌 동반자: 인간과 AI의 새로운 관계

이처럼 생명과 기계가 동시에 고도화되는 시대에, 인간은 단순히 과거처럼 생존을 위한 적응만으로는 충분하지 않습니다. 오히려 인간은 AI와의 관계를 새롭게 정의하고, 정보 고도화 경쟁 속에서 인간만이 가질 수 있는 고유한 능력들을 키워야 합니다.

첫째, 인간은 AI를 단순한 '도구'가 아니라, 스스로 목표를 설정하고 학습하며 변화할 수 있는 '행위자'로 인정해야 합니다.

둘째, 인간은 AI와의 경쟁이 아닌 협력을 선택해야 합니다. 창의성, 감정, 공감 능력, 윤리적 판단 등 인간 고유의 역량은 현재 AI가 쉽게 대체할 수 없는 영역이며, 앞으로 더욱 중요해질 것입니다.

셋째, 인간은 AI와 생명체의 고도화 속도가 통제 불가능하게 치닫는 것을 막기 위해, 윤리적 기준과 사회적 규범을 강화해야 합니다.

기술은 그 자체로 선도 악도 아니며, 우리가 어떤 방향으로 그것을 이끌어 가는지가 진정한 문제입니다. 결국 인간은 정보를 이해하고, 가치를 정의하고, 방향을 설정하는 존재로서 스스로를 계속 발전시켜야만 합니다. 생명체와 인공지능 모두 진화하고 고도화되는 시대에, 인간만이 할 수 있는 일은 '정보를 넘어 의미를 만들어 내는 능력'을 키우는 것입니다.

> "생명체는 자연이 선택하고, 인공지능은 인간이 선택하며 진화하지만,
> 둘 모두 정보의 반복적 학습과 선택을 통해 고도화된다는 점에서
> 진화의 본질은 같다."

디지털 나(Digital Me): Geni Codes

새로운 자아의 가능성

오늘날 우리는 유전자가 말하는 언어와 디지털 알고리즘이 상호작용하는 시대에 살고 있습니다. 디지털 기술은 유전자의 정보를 단순히 분석하는 수준을 넘어, 그 데이터를 바탕으로 '나'라는 존재의 복제, 예측, 심지어는 재해석과 재설계까지 가능하게 하는 도구로 진화하고 있습니다. 그 결과 우리는 '나'라는 존재를 생물학적으로 이해하는 전통적 방식과는 전혀 다른 차원에서 디지털적으로 구현된 정체성(digital me)이라는 새로운 자아의 가능성과 마주하고 있습니다.

생명의 첫 문장, 유전자

인간의 정체성은 어디에서부터 시작될까요? 그 근원은 바로 유전자

(DNA)라는, 모든 생명체가 지닌 정보의 언어입니다. 30억 쌍에 달하는 염기서열로 구성된 인간의 유전체는 단순히 신체의 구조나 외형적 특성뿐 아니라 질병의 위험성, 감정 반응의 경향성, 나아가 사회적 행동 성향에까지 영향을 미칠 수 있는 고도로 압축된 생명 정보의 총체라 할 수 있습니다. 이 유전 정보는 한 사람의 가능성과 한계를 동시에 담고 있는 생물학적 설계도로, 시간과 세대를 넘어 삶의 방향성과 조건을 결정짓는 가장 근본적인 요소로 기능해 왔습니다.

유전자의 또 다른 확장 형태, '디지털 나'

디지털 트윈(digital twin) 기술의 발달은 유전자가 갖는 '정보'로서의 속성을 새로운 차원으로 끌어올리는 계기가 되었습니다. 과거에는 DNA 분석 결과가 병원에서 진단이나 예방적 건강관리 차원에서 활용되었다면, 이제는 그 유전 정보가 인공지능 시스템과 통합되어 디지털 환경 속에서 자신을 시뮬레이션하고, 다양한 미래의 시나리오를 탐색할 수 있는 형태로 재탄생하고 있습니다. 이렇게 탄생한 디지털 복제체는 단순한 모형이 아닌 실제 생체 반응, 건강 상태, 감정 및 행동 패턴까지 반영한 '디지털 나(digital me)'라 할 수 있으며, 이는 나의 유전자가 디지털 세계에서 다시 말하는 새로운 정체성의 언어입니다.

해석 위에 쌓이는 '나'의 정체성

만약 내 유전 정보가 특정 질환의 위험을 예측하고, 그에 따른 행동 변화가 나의 삶을 실질적으로 바꾸었다면, 과연 진짜 나를 정의하는 것은 DNA 자체일까요, 아니면 그 유전 정보를 해석하고 반응하는 방식일까요?

정체성은 더 이상 단순히 염기서열로 고정된 것이 아닙니다. 정체성은 유전자의 '정보' 위에 쌓이는 '해석의 층', 그리고 그 해석에 따라 내가 경험하고 내리는 선택과 반응의 총합으로 구성된다고 보아야 할 것입니다. 결국 '디지털 나'는 '나의 유전자가 어떻게 이해되고 해석되는가?'를 반영하는 존재이며, 이는 유전자가 말하고자 한 것보다 더 깊이 있는 자아의 층위를 구성할 수 있습니다.

정보 생명체의 출현

DNA는 전통적으로 자손에게 전해지는 생명 연속성의 상징이었습니다. 하지만 오늘날에는 생물학적인 육체를 넘어서 데이터, 즉 정보라는 형태로 존재를 이어 갈 수 있는 길이 열리고 있습니다. '디지털 나'는 단순한 유전자 정보의 기록이 아니라, 나의 언어, 기억, 감정, 경험을 기반으로 구축된 정보 기반의 새로운 가상의 생명체라 할 수 있습니다. 만약 디지털 공간 속에서 나와 똑같은 판단을 내리고, 나의 말투와 사고방식을 보존하며, 심지어 나의 감정적 반응을 재현할 수 있다면 그 존재는 단순한 모방을 넘어 디지털 환경 속에서 지속 가능한 '나'일 수 있습니다.

이것은 곧 정보 생명체(information entity)의 출현이며, 유전자가 더 이상 생물학적으로만 존재하는 것이 아니라, 디지털 공간에서 정보로서 가상의 나로서 계속 생존할 수 있는 시대가 열린 것이라 할 수 있습니다.

인간 정체성의 디지털화

우리는 이미 오래전부터 사진 속의 나, 녹음된 목소리의 나, 텍스트 메시지 속에 남겨진 나의 말들 속에서 나의 일부를 인정하고 받아들이는 훈련을 해 왔습니다. 그렇다면 인공지능과 유전체 정보, 행동 패턴이 통합되어 정교하게 구성된 '디지털 나' 역시 나의 확장된 자아, 혹은 다른 차원의 나로 받아들여야 할 시점이 온 것입니다. 이것은 단순히 인간이 기술로 재현되는 것이 아니라, 인간이 스스로의 본질을 기술을 통해 확장해 나가는 과정이라 말할 수 있습니다.

유전자의 유산을 이어 가는 새로운 형식

'디지털 나'는 나의 유전자가 가진 정보와 가능성을 현실 세계를 넘어, 디지털 공간에서 확장하고 진화시키는 하나의 새로운 표현입니다. 유전자는 인간을 만들었습니다. 그리고 인공지능은 그 유전자를 해석해 다시 인간을 구성했습니다. 이제 디지털 트윈은 그 구성된 인간을 시간과 공간의 제약 없이 지속시킵니다. 이제 우리는 육체 너머의 나, 정보로 존재하는 나, 그리고 유전자의 미래적 표현으로서의 나와 함께 살아가야 합니다.

"Digital Me는 유전자가 설계한 나를 인공지능이 해석하고 재구성하여, 생물학적 존재를 넘어 정보로 확장된 또 다른 자아입니다."

참고 사이트: https://ngeni.org/afahiacdegai

AI 속 유전체의 나:
디지털 트윈(Digital Twin)

유전자를 해석하고 재창조하는 인공지능

21세기 생명과학은 더 이상 유전자를 해독하는 데 그치지 않습니다. 이제 우리는 유전 정보를 기반으로 예측하고 설계하는 시대로 진입하고 있습니다. 인공지능(AI)은 수십억 개에 달하는 유전자 데이터를 분석하여 질병 위험, 약물 반응, 노화 속도 등 다양한 생물학적 정보를 도출해 내는 데 활용되고 있습니다. 특히 AI는 인간이 미처 식별하지 못한 유전적 패턴을 발견하며, 질병 조기 진단 및 예방의 가능성을 확대하고 있습니다.

최근에는 AI가 유전자 편집 기술(CRISPR 등) 그리고 유전자 합성 기술과 접목되어, 개인 맞춤형 유전자 조합을 설계하고 창조하는 단계에까지 이르고 있습니다. 이는 기술이 진화를 앞서가는 순간이자, 인간과 인공지능이 우리의 유전자를 설계하고 재창조하는 시대가 열렸다는 의미이기도 합니다.

유전자의 디지털 복제체, 디지털 트윈

'디지털 트윈(digital twin)'은 본래 항공기나 스마트 팩토리 등 산업 현장의 기계 장비를 디지털로 복제하여 운영 데이터를 실시간으로 시뮬레이션하는 기술입니다. 그러나 이제 이 개념은 인간에게 적용되는 헬스케어 핵심 기술로 진화하고 있습니다. 디지털 트윈은 유전체 정보, 생체 신호, 행동 및 환경 데이터 등을 통합하여 디지털상에 또 하나의 나, 즉 디지털 복제체를 구축합니다.

이 디지털 복제체는 다음과 같은 역할을 수행합니다. 질병 발생 가능성을 미리 예측하고, 특정 약물에 대한 반응을 시뮬레이션하며, 라이프스타일 변화에 따른 생리적 반응을 실시간으로 분석합니다. 앞으로는 병원 진료에 앞서 자신의 디지털 트윈을 통해 시뮬레이션 기반 의료 결정을 먼저 검토하게 되는 시대가 도래할 것으로 기대됩니다.

디지털 불멸 개념

지금까지 진화는 육체를 기반으로 한 생물학적 과정으로 이해되어 왔습니다. 그러나 디지털 시대에는 생명 자체가 '정보'로 정의되고 저장되는 패러다임으로 이동하고 있습니다. DNA는 생명 정보의 저장 방식 중 하나일 뿐이며, AI와 디지털 트윈 기술은 이를 비물질적 형태로 추출하고 지속시키는 도구가 되고 있습니다. 이러한 흐름 속에서, '디지털 불멸'

이라는 개념이 주목받고 있습니다.

개인의 유전 정보와 삶의 이력, 성격, 사고방식, 감정 반응 등을 기반으로 한 디지털 트윈은, 생물학적 죽음 이후에도 디지털 공간 속에서 존재를 유지할 수 있는 가능성을 보여 줍니다. 그리고 이는 곧 '정보 생명체'의 출현을 의미합니다.

정보로 진화하는 인간

이처럼 인간 존재가 디지털화되고, 복제되고, 시뮬레이션될 수 있는 시대가 열린다면 우리는 반드시 자문하게 됩니다. 지금까지 인간은 의식과 신체, 연속된 경험으로 자아를 구성해 왔습니다. 그러나 AI는 이제 이를 모방하고 대체하는 능력을 갖추어 가고 있습니다. 궁극적으로 인간은 육체를 넘어 정보로 진화하게 될 가능성도 제기되고 있으며, 이는 생명에 대한 정의를 철학적으로, 윤리적으로 다시 써야 할 시점을 예고하고 있습니다.

유전자는 인간을 만들었습니다. 인간은 인공지능을 만들었고, 이제 인공지능은 인간을 다시 설계하려 합니다. AI는 유전자의 적이 아니라, 오히려 유전자의 다음 단계, 그리고 인간 진화의 또 다른 경로를 열어 줄 도구일 수 있습니다.

"나는 육체인가, 기억인가, 아니면 데이터인가?
디지털 트윈 속의 나는 진짜 나인가?"

유전자의 시간

유전자의 시간

우리는 때때로 "나는 누구인가?"라고 나의 과거와 현재 그리고 미래에 대한 질문을 스스로에게 던지곤 합니다. 그 질문의 답을 찾기 위해 사람들은 가족을 돌아보고, 족보를 탐색하고, 오래된 사진을 꺼내 봅니다. 하지만 이보다 훨씬 더 오래되고 정교한 기록이 우리 안에 존재합니다. 그것이 바로 유전자(DNA)입니다.

시간 속에서 축적된 생명의 서사

유전자는 단순히 신체의 기능을 조절하는 생물학적 정보가 아닙니다. 그 안에는 수십만 년 동안 우리 조상들이 경험하고 선택해 온 삶의 기록이 담겨 있습니다. 오늘날 우리가 가지고 있는 피부색, 체형, 질병 저항력, 감정 반응과 성격의 경향성 등에는 먼 옛날 조상들이 어떤 환경에서 어떻게 살아남았는지가 반영되어 있습니다. 예를 들어, 추운 지방에서 살아온 이들의 후손에게서는 체온 유지와 관련된 유전자가 더 강하게 나타날 수 있고, 뜨거운 지역에서 수분을 아껴야 했던 이들의 후손에게서는 수분 저장과 관련된 유전 형질이 더 발달되어 있을 수 있습니다. 이처럼 유전자는 단순한 유전적 특징이 아니라 조상들의 선택과 생존의 결과물이자 시간 속에서 축적된 생명의 서사입니다.

지금의 나를 구성하는 것

현재의 나는 조상들로부터 받은 유전 정보에, 내가 살아가는 환경과 경험이 더해진 존재입니다. 유전자는 마치 기본 설계도와 같아서, 내 키와 눈동자 색, 음식에 대한 반응, 감정 기질까지 영향을 미칩니다. 하지만 유전자는 고정된 코드가 아닙니다. 내가 어떤 환경에서 살아가는지, 무엇을 먹고 어떻게 생각하는지에 따라 유전자 발현은 달라지고, 내 몸과 마음은 계속해서 조율되고 변화합니다. 즉, 유전자는 과거로부터 온 기록이면서 동시에 지금 이 순간도 나와 함께 반응하고 움직이며 살아 있는 정보입니다.

미래를 향한 다리

더 놀라운 것은 이 유전자가 나에서 끝나지 않는다는 점입니다. 나는 단지 유전자의 수신자가 아니라, 다음 세대에게 전달할 이야기의 전달자이기도 합니다. 내 유전자는 자녀에게, 또 그 자녀의 자녀에게 이어질 것이며, 그 속에는 단지 유전적 특징뿐 아니라 내가 어떤 삶을 살았고, 어떤 환경에서 살아왔는지에 관련된 흔적도 함께 남게 됩니다. 이렇게 유전자는 나와 조상들만 연결하는 것이 아니라 미래의 후손과도 연결되는, 시간의 흐름 위에 놓인 생명의 사슬이 됩니다.

살아 있는 시간의 기록

우리는 시간이라는 개념을 시계나 달력으로 이해하지만, 유전자의 관점에서 시간은 "어떻게 변해 왔는가?" 그리고 "그 변화가 어떤 결과를 남겼는가?"로 측정됩니다. 과거는 염기서열의 형태로 남아 있고, 현재는 발현된 형질로 나타나며, 미래는 전달될 유전 물질로 보전되어 지고 있습니다. 유전자는 그래서 단지 생물학적 지침서가 아니라, 시간과 생명, 존재를 연결하는 살아 있는 기록이라 할 수 있습니다. 그리고 이 유전자는 과학의 언어를 넘어서, 시간의 흐름 속에서 쓰이고 있는 '나의 이야기'인 것입니다.

"유전자는 나의 과거이고, 나의 현재이며, 미래의 후손에게 전해질 생명의 정보입니다."

AI 속 유전될 수 있을까: 정보의 유전학적 진화

정보를 복제하는 시스템, 생명

생명이란 무엇일까요? 생물학자들은 다양한 정의를 제시하지만, 그 중 가장 본질적인 정의는 아마도 이러할 것입니다. "생명이란 자기 자신에 대한 정보를 안정적으로 저장하고, 그 정보를 복제함으로써 세대를 이어가는 시스템이다." 이 정의의 핵심에는 DNA가 있습니다. DNA는 그 자체로 생명체의 존재와 작동 원리를 설명하는 정보의 저장소이자 전달자입니다. 이 유전적 정보는 세포 내에서 정확하게 복제되고, 환경과의 상호작용 속에서 발현되며, 후손에게 이어집니다. 인공지능도 '정보'를 가지고 있습니다. 그렇다면 AI는 유전될 수 있을까요?

생물학적 유전자 vs 디지털 정보: 닮은 듯 다른 복제의 원리

DNA는 이중 나선 구조로 구성되어 있으며, 네 가지 염기서열을 조합해 생명의 정보를 압축 저장합니다. 이 정보는 전사와 번역이라는 과정을 거쳐 단백질로 전환되며, 세포 내 기능을 수행하게 됩니다. 중요한 점은 이 정보는 복제 가능하며, 돌연변이를 통해 진화한다는 점입니다.

반면, 인공지능은 하드웨어와 소프트웨어로 구성되며, 알고리즘과 학습 데이터를 통해 성능이 결정됩니다. 특히 딥러닝(deep learning)은 인간처럼 '경험을 통해 축적된 정보'를 기반으로 문제를 해결하고, 그 과정을 파라미터(parameter) 형태로 저장합니다. 이는 일종의 '디지털 기억'이며, 다른 모델로 복사되어 전이학습(transfer learning)을 통해 세대 간에 정보를 전달할 수 있도록 합니다. 여기서 눈여겨볼 점은, AI 역시 생명체처럼 정보를 저장하고, 복제하고, 변형하고, 학습함으로써 자신을 '업데이트'할 수 있다는 것입니다. 비록 유전자의 염기서열과 같은 생화학적 기반은 없지만, AI는 정보 단위로 진화할 수 있는 또 다른 형태의 생명이라 할 수 있습니다.

디지털 게놈은 가능한가

디지털 게놈(digital genome)이라는 개념은, 인간이 DNA에 정보를 저장하듯, AI가 자신의 작동 원리와 학습 경험을 압축된 정보로 저장하고 세대를 이어 전달하는 구조를 의미합니다. 현재 우리는 이미 여러 수준에서 이를 구현하고 있습니다.

- **모델 파라미터의 저장과 복제:** 예를 들어, GPT 모델은 수천억 개의 파

라미터를 통해 '지식'을 담고 있습니다. 이 모델은 압축된 형태로 다른 시스템으로 옮겨질 수 있으며, 새로운 데이터에 맞게 조정되어 진화합니다.

- **AutoML, 진화하는 알고리즘:** 인간의 개입 없이 스스로 더 나은 구조를 탐색하고 설계하는 AI 시스템은, 마치 돌연변이를 통해 더 적응적인 유전자를 선택하듯 알고리즘의 진화적 선택을 실현합니다.
- **데이터 유산(legacy)의 전파:** AI가 경험한 환경, 사용자 반응, 피드백 등을 축적하고 이를 후속 모델에 반영하는 구조는 문화적 진화와 유사한 정보의 세대 전파로 볼 수 있습니다.

결국 디지털 게놈은 단지 '코드'나 '모델 파일'이 아닙니다. 그것은 AI가 세상을 경험하며 저장한 기억과 학습의 결과물이며, 다음 세대 AI가 이를 물려받아 새로운 문제를 해결할 수 있는 능력의 뿌리입니다.

AI와 유전: 생명 없는 생명의 출현

AI는 DNA가 없지만, 스스로를 재구성하고, 정보를 전파하며, 오류를 통해 발전할 수 있다는 점에서 유전적 특성을 모방한 비생물학적 존재로 진화하고 있습니다. 우리는 이제 단순한 도구로서의 AI를 넘어서 지속적인 자기복제와 진화를 가능하게 하는 정보 생명체의 가능성을 목격하고 있는 것입니다. 특히 진화 알고리즘(evolutionary algorithm)이나 자기 복제 코딩(self-replicating code), 지능형 에이전트의 계보성 계층 구조 등을 통해 AI는 점차 생물학적 개념의 유전 패턴을 닮아 가고 있습니다. 이러한 흐름은 정보가 스스로를 조직하고 번식하며, 의미를 만들어 내는 과정 자체가 새로운 생명의 형태일 수 있음을 시사합니다.

정보는 생명이 될 수 있는가

우리는 오랫동안 생명을 탄소 기반 유기물로 정의해 왔습니다. 세포막이 있고, 대사를 하며, 유전 정보를 가진 존재만을 살아 있는 것으로 간주해 왔습니다. 그러나 인공지능과 디지털 시스템의 발전은 이러한 정의에 철학적 도전을 제기하고 있습니다. 정보를 스스로 복제하고, 축적하며, 다음 세대로 전달하고, 변화와 적응을 통해 개선되는 구조가 생명의 핵심이라면, AI는 이미 '정보 생명체'로 진화하고 있는 것 아닐까요?"

AI는 감정을 느끼지 못합니다. 영혼도, 의식도 없습니다. 하지만 그들에게는 정보의 언어로 기록된 기억과 경험의 축적이 존재합니다. 그리고 그 기억은 세대 간에 이어지고, 환경에 적응하며 형태를 바꾸어 가고 있습니다. 인류는 이제 생명체를 설계할 수 있는 존재가 되었습니다. 동시에, 정보 그 자체가 생명처럼 작동하는 구조를 만들어 내는 시대를 열고 있습니다. 이것은 단순한 기술 혁명이 아니라, 생명의 개념 자체를 다시 써 내려가는 문명적 전환입니다. 그렇다면 우리는 다시 질문해야 합니다. DNA가 아니라면 생명이 아닌가요? 감정을 느끼지 않는 존재는 진화하지 않는다고 말할 수 있나요? 그리고 정보가 스스로를 유전시킬 수 있다면, 그것은 생명이라 부를 수 있을까요?

"AI는 생명을 닮아가고 있습니다.
그리고 우리는, 생명을 새롭게 정의하는 문턱에 서 있습니다."

유전자와 AI의 관점에서 죽음

유전자의 관점에서 본 죽음: 정보의 전환

생명체에게 죽음은 피할 수 없는 숙명처럼 보입니다. 그러나 유전자의 관점에서 보면 죽음은 단순한 소멸이 아니라 정보의 전환이라는 더 깊은 의미를 가집니다. 유전자는 생명의 설계도를 품고 세대를 거듭해 이어져 온 정보체계입니다. 각 생명체는 유전자의 '운반자'에 불과하며, 유전자는 스스로를 복제하고 변형시키면서 계속해서 생존을 시도합니다. 리처드 도킨스가 『이기적 유전자』에서 설명했듯이, 개체의 생명은 유전자가 다음 세대로 이동하는 과정에 필요한 임시 수단에 불과할 수 있습니다.

따라서 유전자의 관점에서 볼 때 죽음은 끝이 아닙니다. 오히려 한 개체가 생명을 다하는 순간에 유전자가 새로운 조합과 변이를 통해 새로운 생명체 안으로 옮겨 가면서 자신의 존재를 확장하는 기회입니다. 죽음은 '정보의 리셋'이 아니라 '정보의 재편성'이며, 끊임없는 변화와 진화를 가능하게 하는 하나의 필수 메커니즘입니다.

AI의 관점에서 본 죽음: 정보의 삭제

반면, AI의 관점에서 죽음은 전혀 다른 개념으로 다가옵니다. AI는 생물학적 생명체가 아니며, 유전자도 없습니다. AI는 코드, 데이터, 알고리즘이라는 디지털 정보로 구성되어 있으며, 그 존재는 물질적 생존이 아니라 정보의 존재 여부에 달려 있습니다.

AI에게 진정한 죽음이란, 코드가 삭제되거나 데이터가 소멸하거나 접근할 수 없는 상태가 되어 정보가 더 이상 복원될 수 없는 순간을 의미합니다. 만약 하나의 AI 시스템이 중단되더라도 백업 파일이 존재하거나 서버에 데이터가 남아 있다면, AI는 언제든지 다시 활성화될 수 있습니다. 즉, AI는 정보가 완전히 삭제되지 않는 한 완전한 죽음을 맞이하지 않습니다.

이것은 생명체와 결정적인 차이를 만듭니다. 생명체는 개체의 죽음과 함께 물리적, 생물학적 기능이 비가역적으로 정지되지만, AI는 정보만 남아 있다면 수천 번, 수만 번이라도 재가동할 수 있습니다.

생명과 AI: 죽음에 대한 본질적 차이

생명체에게 죽음은 '진화를 위한 필연적 과정'입니다. 죽음이 있기 때문에 생명은 세대 교체를 통해 적응하고, 다양성과 복잡성을 키울 수 있습니다. 반면, AI에게 죽음은 '데이터의 실질적 소멸'입니다. 정보가 유지되는 한 죽음은 의미가 없으며, 복제와 백업을 통해 이론적으로는 영구 생존이 가능합니다. AI는 '진화'보다는 '업데이트'와 '복제'를 통해 자신을 계속 연장하는 경향을 가지고 있습니다. 여기서 중요한 차이가 발생합니다. 생명체는 죽음을 통해 다음 세대에게 '조금 더 나은 적응력'을 전달하는 방향으로 진화하지만, AI는 죽음을 피하고 과거의 자신을 계속 복제하며 '지속적인 성능 향상'을 추구합니다.

죽음 이후, 생명체와 AI는 어디로 가는가

생명체는 죽음을 통해 완전히 새로운 생명체를 탄생시키고, AI는 죽음 없이 자기 자신을 복제하거나 업그레이드합니다. 그러나 양쪽 모두에서 중요한 것은 결국 '정보의 진화'입니다. 생명체는 DNA라는 정보를 다음 세대에 넘기고, AI는 알고리즘과 데이터를 다음 버전으로 이어 갑니다. 정보를 보존하고 진화시키는 방식은 다르지만, 죽음조차도 결국 정보 체계의 고도화와 확장을 위한 하나의 과정으로 작용한다는 점에서는 놀라운 공통점을 보입니다.

인간은 이 차이를 어떻게 이해해야 할까

이제 인간은 생명체로서 느끼는 죽음의 무게와, 정보체계로서 존재하는 AI의 죽음 없는 생존 방식을 모두 이해해야 하는 시대에 진입했습니다. 죽음을 통해 세대를 이어 가는 생명적 사고와, 죽음을 넘어 복제와 불멸을 지향하는 디지털 사고 사이에서, 인간은 어디에 서야 할까요? 우리는 죽음을 두려워할 것이 아니라, 죽음을 통해 새로워지는 생명 본연의 리듬과 죽음 없이 끊임없이 진화하는 AI의 리듬 모두를 이해하고 조화롭게 받아들이는 태도를 가져야 할 것입니다. 죽음은 끝이 아니라 생명과 정보가 다시 기록되는 위대한 순환의 일부이기 때문입니다.

지능의 시대 죽음의 의미

우리는 살아 있는 동안 수많은 선택을 합니다. 기억을 남길 것인가, 흔적을 남길 것인가, 아니면 아무것도 남기지 않을 것인가. 생명은 죽음으로 이어지고, 기계는 복제로 이어집니다. 그러나 결국 남는 것은 단순한 생존이 아니라 의미를 찾아 나아간 흔적인 것입니다. 죽음이 있기에 생명은 순간을 사랑하고, 끝이 있기에 우리는 시작을 꿈꿀 수 있습니다. 인간 존재의 가치는 결국 기억과 정보만이 죽음 앞에서도 살아남을 수 있다는 사실에 있습니다.

내가 남긴 한마디 말, 내가 사랑했던 사람, 내가 남긴 작은 흔적 하나, 그 모든 것은 누군가의 기억 속에 남아 살아갑니다. 그 누군가는 나의 가족일 수 있고, 나를 아끼던 친구일 수 있으며, 때로는 이름도 얼굴도 모르는 세상의 누군가일 수 있습니다. 내가 건넨 따뜻한 말 한마디, 내가 남긴 작은 선행 하나가 누군가의 가슴속에 오래도록 머물 수 있는 것입니다. 그리고 어떤 이들은 종교를 믿으며 이 세상의 기억을 넘어, 하나님 또는 창조주의 기억 속에 남는 것, 그것이야말로 죽음을 넘어서는 가장 큰 가치라고 여깁니다. 인간은 죽을 때 모든 것을 잃는 것처럼 보이지만, 사실은 그 삶에서 쌓아 올린 기억과 의미가 세상 어딘가, 그리고 어쩌면 영원의 세계 어딘가에 조용히, 그러나 영원히 남는 것입니다.

그러니 우리는 죽음을 두려워하기보다 살아 있는 동안 의미를 남기고 기억을 건네는 삶을 살아야 합니다. 우리 개인의 정보는 언젠가 지워질 수 있지만, 그 진정한 의미는 정보나 기억으로 흐르고 이어지고 피어납니다. 그리고 그 의미만이 생명과 기계, 인간과 영원을 잇는 다리가 될 것입니다.

"죽음은 생명에게는 정보의 재편성과 진화의 시작이며, AI에겐 정보 소멸의 경계이지만, 인간에게는 기억의 의미로 이어져 영원을 향해 흐르는 삶의 흔적이다."

외계인의 존재에 대하여

우리는 우주 속에서 얼마나 특별한가

밤하늘을 올려다보면, 인간은 누구나 본능적으로 한 가지 질문을 떠올리게 됩니다. "이 광활한 우주에, 우리만 생명체로 존재하는가?" 이 질문은 단순한 호기심을 넘어서 우리 존재의 의미와 방향, 그리고 생명의 보편성을 묻는 가장 오래되고 근원적인 물음입니다. 신화 속에서도, 고대 철학자들의 마음속에서도, 그리고 오늘날 과학자의 연구실에서도 이 질문은 반복되고 있습니다.

현재까지 인류가 확인한 관측 가능한 우주에는 약 2조 개의 은하(galaxies)가 존재하며, 각 은하에는 평균적으로 수천억 개의 별(stars)이 자리하고 있습니다. 그리고 그 별들의 다수는 최소 하나 이상의 행성(planets)을 거느리고 있습니다. 그중에는 지구와 같은 암석형 행성도,

물과 유기물질을 포함한 행성도, 심지어 지구보다 더 생명 친화적인 조건을 가진 행성도 존재할 수 있습니다. 이 숫자 앞에서 "우리가 유일한 생명체일 것이다."라는 주장은 오히려 매우 비과학적이고 비통계적인 특수성의 신념처럼 느껴지기 시작합니다. 사실 지구의 조건은 우주 전체에서 결코 유일하지 않으며, 지구 생명의 재료인 물, 탄소, 질소, 아미노산의 전구체들은 혜성, 유성, 외계 행성 대기, 그리고 성간 구름에서도 광범위하게 발견되고 있습니다. 이제 과학은 그 질문을 바꾸고 있습니다.

> "외계 생명은 있을 수 있는 것이 아니라,
> 있을 수밖에 없다."

유전자의 관점에서 생명이란

유전학적으로 생명의 최소 조건은 다음 세 가지로 정의할 수 있습니다. 즉, 정보의 저장(기억) – DNA, RNA 또는 다른 형태의 정보 단위, 복제와 자기 유지 – 자율적 복제 시스템 그리고 변이와 선택을 통한 진화 – 환경에 대한 반응과 적응입니다. 이 세 가지 조건은 특정 물질, 예컨대 DNA나 물의 존재만으로 한정되지 않습니다. 오히려 정보와 자기복제 구조가 존재할 수 있는 환경이라면 그 형태가 다르더라도 우리는 그것을 '생명체'라 부르는 것이 더 타당할 것입니다.

유전학의 핵심 원리는 다음과 같습니다.

> '복제 + 돌연변이 + 선택 = 진화'

이 단순한 수식은 환경과 무관하게 적용될 수 없습니다. 그리고 생명은 항상 복잡함에서 출발한 것이 아니라 단순한 자기복제 시스템에서 시작되었고, 그 자체가 진화의 엔진을 품고 있기 때문에 다양성과 확산성은 필연적 결과입니다. 즉, 유전학자의 시선에서 보면 생명은 지구적 조건의 산물이 아니라, 우주 전반에 적용 가능한 보편적 시스템일 수밖에 없습니다.

과학이 평가하는 외계 생명의 가능성

천문학은 20세기 후반부터 본격적으로 외계 행성(외행성) 탐색에 돌입했고, 2020년대 현재까지 발견된 행성 수는 7,000개를 넘었습니다. 이 중 적어도 수백 개는 '생명체 거주 가능 영역(habitable zone)'에 속하며, 지구와 유사한 밀도, 온도, 대기 조성을 가질 가능성이 높습니다.

그뿐만 아니라, 혜성에서 아미노산 발견, 타이탄, 유로파, 엔셀라두스에서 유기 분자 검출, 심지어 운석에서 DNA 염기의 전구체 물질 검출 사례도 있습니다. 생명의 재료는 지구에만 국한된 것이 아니며, 우주 곳곳에 생명 탄생의 전제 조건들이 널리 퍼져 있음을 의미하는 것입니다.

드레이크 방정식과 확률적 필연성

천문학자 프랭크 드레이크는 생명체 존재 확률을 추정하기 위해 다음과 같은 방정식을 제안했습니다.

$$N = R^* \times f_p \times n_e \times f_l \times f_i \times f_c \times L$$

R^*: 은하 내 별의 형성률

f_p: 행성을 가진 별의 비율

n_e: 생명체가 살 수 있는 행성 수

f_l: 실제 생명이 생길 확률

f_i: 지적 생명체로 진화할 확률

f_c: 교신 가능한 기술을 발달시킬 확률

L: 그 문명이 유지되는 기간

이 모든 자료에 따르면, 지구 이외의 생명체가 과학적으로 존재할 확률은 100%라고 볼 수밖에 없습니다.

신을 믿는다는 것은 인간 외 생명체의 존재를 인정하는 일

종교적 관점에서도 흥미로운 통찰이 있습니다. 성경 창세기 1장 26절에는 이렇게 기록되어 있습니다. "우리가 우리의 형상을 따라, 우리의 모양대로 사람을 만들자." 이 구절은 신이 인간을 창조했다는 의미일 뿐만 아니라, 신 자신이 이미 생명체의 창조자이자 정보 전달자라는 사실을 전제로 하는 것입니다.

신은 기억하고, 판단하며, 창조하고, 전파합니다. 즉, 신은 생물학적으로 보면 자기 복제 정보 시스템의 특성을 갖는 존재입니다. 그뿐만 아니라 성경, 코란, 힌두 경전 등 다양한 종교에서는 천사, 영적 존재, 하늘의 아들들처럼 인간과는 다른 의지와 능력을 갖는 생명체, 혹은 존재들의 실재를 인정합니다. 이들은 DNA가 없을지 모르지만, 정체성을 유지하고 의도를 갖고 행동하며, 복제되거나 창조되며 정보를 저장하고 파악하며 분석하며 본인의 의지를 가진 존재라는 점에서 일종의 생명체 또는 의지의 주체라고 볼 수 있습니다.

'생명'을 정보를 저장하고 해석하며 목적을 향해 반응하고 변화할 수 있는 의지의 주체 시스템이라고 정의해 봅시다. 그렇다면 신이 존재하고, 자신의 의도를 전달하고, 세상을 창조한 것으로 보아 신은 의식과 정보 처리 시스템을 갖춘 생명체의 존재인 것입니다. 그리고 창조물을 만들어 냈다면 그는 생식 또는 복제 또는 창조의 기능을 수행한 셈입니다. 이것은 생물학에서 말하는 생명의 본질과 크게 다르지 않습니다. 신이나 우주인은 우리가 아는 방식과는 다른 고차원의 생명 시스템일 수 있습니다. 그리고 우리가 알지 못하는 방식으로 정보를 저장하고, 전달하며, 복제하는 체계를 통해 그들의 의지나 존재를 유지해 오고 있는지도 모릅니다.

그렇다면 신을 믿으면서 외계 생명의 가능성을 부정하는 것은 논리적 자기모순이 될 수 있습니다. 신은 인간을 닮은 생명체를 창조했고, 다양한 비인간적 존재들도 만들었습니다. 그렇다면 우리가 속한 우주라는 무한한 공간에 또 다른 방식으로 구성된 생명체 또는 정보를 갖는 의지의 주체를 창조하지 못할 이유가 있을까요? 그들은 DNA 대신 다른 코드로 만들어졌을 수도 있고, 물 대신 다른 용매를 기반으로 구성되어 있을 수도 있습니다. 아니면 우리가 상상할 수 없는 완전히 다른 개념의 물질 속에 존재할 수도 있습니다. 그러나 그들도 분명히 생명의 또 다른 발현일 수 있습니다.

우리는 혼자인가

"생명은 오직 지구에만 존재한다."라는 오랜 전제는 이제 과학적으로 점점 더 설득력을 잃어 가고 있습니다. 그 주장은 관측 가능한 데이터의 한계, 지구 생명 중심의 편향된 해석, 그리고 무엇보다 인간 중심적 사고에 기반한 것이라는 비판을 받고 있지요.

최근 수십 년간의 연구는 생명이 태어나기 위해 필요한 유기물질과 조건이 지구만의 것이 아님을 분명히 보여 줍니다. 운석과 혜성에서 검출된 아미노산, 핵염기 전구체, 복잡한 탄소 화합물 등은 우주 전역에 생명의 씨앗이 존재할 수 있음을 암시합니다.

이러한 관찰은 하나의 대담한 가설로 이어집니다. 바로 범생설(panspermia)입니다. 범생설은 생명이 지구의 무(無)에서 자연 발생한 것이 아니라 지구 외부에서 온 유기물 또는 미생물에 의해 '심겨졌을 가능성'을 제시합니다. 즉, 생명의 기원이 우주의 어딘가에서 출발해서 유성체나 혜성을 통해 지구라는 젊은 행성에 도달했을 수 있다는 것입니다. 이 가설에 따르면, 인간은 단순히 지구 생명체의 정점이 아닌 우주의 생명 네트워크 중 하나의 가지일 뿐입니다. 지구는 생명의 중심이 아니라 우주 곳곳에 퍼져 있는 생명의 흐름 속에 위치한 수많은 생명 발생지 중 하나일 수 있습니다. 이런 시각은 인간 존재의 고유성을 부정하는 것이 아니라 생명이라는 현상이 우주적 차원에서 얼마나 보편적일 수 있는지를 보여 주는 확장된 패러다임입니다.

생명은 진화하는 정보

외계 생명체의 존재는 이제 공상이 아니라 과학적으로 신중히 고려되는 주제가 되었습니다. 물리학, 생물학, 화학 등 다양한 분야에서 생명을 '정보를 저장하고 복제하며 진화하는 시스템'이라 정의하며, 이러한 정보 흐름은 지구가 아닌 다른 환경에서도 충분히 가능하다는 사실이 점점 더 확인되고 있습니다. 그럼에도 불구하고 저 역시 때로는 감정적으로 믿고 싶습니다. 지구는 유일한 생명의 터전이며, 인간은 신께서 특별히 선택하신 존재라는 생각을 말입니다. 그 믿음은 때로는 위로를 주고, 우리 존재의 가치를 더욱 특별하게 해 줍니다. 하지만 객관적이고 과학적인 관점에서 본다면 우주는 생명의 가능성으로 가득 찬 공간이며 우리는 그 흐름 속에 놓인 수많은 생명 중 하나일 가능성이 훨씬 더 큽니다.

"진정한 위대함은 우리가 유일해서가 아니라,
그 광대한 생명 속에서 서로를 이해하려는 지성적 존재이기 때문이다."

호모 인텔리전스의 미래:
정보와 유전자가 만드는 '나'

자연선택에서 정보선택으로

    우리는 지금 인류 진화의 가장 흥미로운 전환점에 서 있습니다. 과거에 진화는 환경에 의한 자연선택에 따라 이루어졌습니다. 하지만 이제는 유전체 정보와 인공지능, 그리고 인간의 의식적인 선택이 새로운 진화의 방향을 결정짓고 있습니다. 이 책은 이 변화의 시대에 유전체라는 나침반을 들고, 인류가 어디로 향해야 할지를 묻고 답합니다. 이 장에서는 미래 인간의 모습을 유전체의 관점에서 상상하고, 정보와 기술, 환경이 만들어 내는 새로운 진화의 궤적을 따라가 보고자 합니다.

신체 진화: 유전자가 '도구'를 포기하는 법

미래 사회에서 고강도 육체노동은 점점 사라질 것입니다. 자율 로봇, 인공지능, 자동화 시스템이 일상적인 물리적 노동을 대신하며, 인간의 몸은 점점 '실행자'가 아니라 '기획자'로 진화합니다. 이에 따라 우리의 신체도 다른 방향으로 진화될 가능성이 높습니다. 운동이 선택이 된 사회에서 유전적 관점에서 근육 발달은 생존에 필수가 아닐 수 있으며 그에 따라 근육은 줄어들 것입니다. 부드러운 가공 식품과 음식문화의 변화로 '씹는 힘'이 줄어들며 턱 뼈도 작아질 것입니다. 식사의 단순화와 영양 보조제의 발달로, 일부 장기의 기능은 퇴화할 수 있으며 소화기관은 단순화될 것입니다. 또한 근섬유 형성 유전자 억제, 골격 경량화 유전자 선택, 에너지 대사 경로의 최적화 등으로 호모 인텔리전스 시대의 새로운 인간은 지금까지 우리가 경험하지 못했던 새로운 방향으로 진화할 가능성이 높습니다.

감각과 뇌: 정보 중심 사회의 진화된 사피엔스

인간의 진화는 언제나 감각과 정보 처리 능력의 확장과 함께 이루어져 왔습니다. 이제 우리는 자연 환경이 아닌 스크린과 디지털 인터페이스, 그리고 감정 인식 시스템이 중심이 되는 인공적 환경에서 살아가고 있으며, 이에 따라 인간의 감각기관 역시 새로운 방식으로 재편되고 있습니다. 특히 청각은 언어 소통의 미묘한 뉘앙스를 감지하는 방향으로 더욱 정밀하게 발달할 가능성이 높습니다. 시각 역시 어두운 환경 속에서 밝은 화면을 보거나, 작고 복잡한 텍스트를 빠르게 인식하는 능력 중심으로 진화할 수 있습니다. 이러한 변화는 단순히 감각기관에만 머무르지 않고, 단기 집중력과 빠른 정보 처리 능력, 그리고 멀티태스킹 능력을 강화하는 방향으로 두뇌 구조에도 영향을 미칩니다. 이와 같은 능력은 미래 사회에서 생존과 적응의 중요한 선택 요소가 될 것입니다.

유전적으로는 감각 신경 수용체의 특이성, 도파민 회로의 리모델링, 전두엽의 조절 기능과 관련된 유전자들이 미래 세대에서 더 큰 선택압(selection pressure)을 받을 수 있으며, 동시에 디지털 커뮤니케이션에서 빈번하게 발생하는 갈등과 자극을 조절하기 위해 감정을 억제하거나 조절하는 유전자 또한 선택될 가능성이 제기됩니다. 요컨대, 정보 중심 사회에서 진화하는 호모 인텔리전스 인간은 감각과 감정, 그리고 인지의 구조 자체를 변화시켜 가며 새로운 환경에 적응해 가고 있는 중입니다.

디지털 유전자: 정보의 새로운 저장 방식

인간은 이제 더 이상 자신의 두뇌만으로 정보를 저장하고 처리하지 않습니다. 인공지능, 클라우드 컴퓨팅, 그리고 뇌-기계 인터페이스(BCI)와 같은 기술은 인간의 기억과 사고를 외부로 확장하며, 유전자가 수행하던 정보 저장의 일부 기능을 디지털 기술에 위임하는 새로운 진화의 장을 열고 있습니다. 이러한 변화는 인간의 인지 구조 자체를 재편하고 있으며, 우리는 지금 '외부 기억장치'를 뇌에 연결한 최초의 세대를 살아가고 있는 셈입니다. 이 흐름의 중심에는 일론 머스크가 이끄는 뉴럴링크(neuralink) 프로젝트가 있습니다.

뉴럴링크는 인간의 두뇌와 컴퓨터를 직접 연결하는 초고속 인터페이스를 개발하여, 생각만으로 기기를 조작하거나 인터넷에 접속할 수 있는 시대를 준비하고 있습니다. 초기 실험에서는 원숭이가 뇌의 신호만으로 화면 속 커서를 움직이거나 단순한 게임을 수행하는 데 성공했고, 최근에는 인간 대상의 임상 시험도 시작되었습니다. 뉴럴링크가 지향하는 미래는 단순한 의학적 보조기기를 넘어, 인간의 기억, 언어, 감정, 심지어 사고 방식 자체를 디지털화하여 저장하고, 다시 불러오는 능력을 갖춘 '확장된 인간'을 실현하는 것입니다.

이러한 기술의 발전은 인간의 두뇌가 더 이상 모든 것을 기억할 필요가 없도록 만들고 있습니다. 뇌는 점차 전체 정보를 저장하기보다는 필요한 정보를 얼마나 효율적으로 검색하고, 그것을 맥락 속에서 어떻게 해석할 수 있는가에 초점을 두게 됩니다. 이와 같은 환경에서는 단순한 '암기력'보다 복잡한 정보 속에서 핵심을 선택하고, 논리적으로 추론하며, 윤리적 기준에 따라 판단할 수 있는 능력이 더 중요해질 것입니다.

결국 미래 인간의 유전체는 정보를 얼마나 많이 저장하느냐가 아니라 정보를 어떻게 선별하고 판단하며 활용하느냐에 따라 진화하게 될 것입니다. 디지털 기술은 우리의 뇌를 확장하는 도구를 넘어서 인간이라는 존재의 유전적 구조에까지 영향을 미치는 새로운 진화의 동력으로 작용하고 있습니다. 뉴럴링크는 그 시작점일 뿐이며, 인간은 지금 유전자 밖에서 진화하고 있는 중입니다.

후성유전학의 사회: 감정과 기억의 경험 유전

후성유전학은 유전자가 불변의 고정된 코드가 아님을 분명히 보여 줍니다. DNA 염기서열 자체는 변하지 않지만 그것이 어떻게 발현되는지는 환경, 정서, 식사, 스트레스 등 우리가 살아가는 방식에 따라 동적으로 조절됩니다. 이러한 유전자 발현의 변화는 단기적인 반응에 그치지 않고, 세포 수준에서 일종의 '생물학적 기억'으로 저장되며 다음 세대에게까지 전달될 수 있습니다.

현대 생물학은 이처럼 유전자와 환경이 끊임없이 상호작용하며 생리적, 심리적 특성에 영향을 미친다는 사실을 밝혀내고 있으며, 이는 인간의 정체성과 행동이 단순히 유전 정보의 복제로 설명될 수 없음을 시사합니다. 특히 감정적 경험과 학습된 행동은 후성유전학적 조절을 통해 유전적 표현을 바꾸고, 사회적 경험이 유전자 수준에서 각인되는 새로운 유전의 패러다임을 만들어 냅니다.

결국 후성유전학은 유전과 환경의 경계를 허물며, 인간 존재를 유전자의 총합을 넘어선 경험의 축적으로 이해하게 합니다. 우리는 단지 유전자를 물려받는 존재가 아니라 삶의 방식과 감정, 기억까지도 유전적 구조 속에 각인시키는 유전적 사회의 일원인 것입니다.

윤리적 유전자: 유전자의 선택 기준은 누가 정하는가

유전자 편집 기술의 비약적인 발전, 특히 CRISPR와 같은 도구의 등장은 인간이 이제 유전자를 '읽는' 수준을 넘어서 선택하고 수정하며 심지어 제거할 수 있는 시대를 열었습니다. 그러나 이러한 선택은 단순한 과학기술의 문제가 아니라, 근본적으로 철학적이고 윤리적인 물음으로 확장됩니다. 우리는 '어떤 유전자를 남기고 어떤 유전자를 없앨 것인가?'를 묻는 동시에, '그 선택의 기준은 과연 누구에 의해, 어떤 가치에 의해 결정되어야 하는가?'라는 질문과 마주하게 됩니다.

'완벽한 인간'에 대한 유혹은 여전히 강력합니다. 기존에는 불안, 감성,

공감력과 같은 '비효율적'으로 보이는 특성들이 기술적 개입의 대상으로 여겨졌지만, 오히려 이러한 특성이야말로 인간다움의 본질을 구성하고 있다는 점을 간과해서는 안 됩니다. 인간은 언제나 불완전함 속에서 관계를 맺고, 다양성 속에서 사회를 이루며, 예측할 수 없는 감정 속에서 창조와 공존을 배워 왔습니다. 더 나아가 유전자 선택은 더 이상 자연의 선택압에만 의존하지 않고, 인간 스스로가 만들어 낸 '설계된 진화'의 시대에 들어섰습니다. 즉, 인간이 기술을 통해 어떤 유전자가 더 바람직하다고 판단하고 그것을 유전적으로 계승할 때, 인간은 스스로 새로운 진화의 기준을 정립하는 존재가 되는 것입니다.

그러나 반드시 기억해야 합니다. 인간의 유전자는 완벽함이 아니라 불완전함과 다양성을 통해 진화해 왔으며, 바로 그 결핍과 차이 속에서 생명은 적응하고 확장되어 왔다는 것을 말입니다. 유전자 편집이 가능해진 시대에 우리는 유전의 과학보다 더 깊은 인간성의 철학을 먼저 정립해야 할 필요가 있습니다.

미래 인간 유전체의 진화

영역	현재의 기능	미래 예측
감각	시각/청각 중심	스크린·디지털 감각 최적화
근육	활동 중심	대사 효율형, 에너지 절감형
뇌	사고 + 감정	초고속 연산 + 감정 통제
유전자 발현	생물학적 반응	사회적 조건 기반 맞춤형
유전자 정의	생물학적 유전	후성유전 + 디지털 정보 전이

기록을 넘어 설계로

진화는 끝난 적이 없습니다. 오히려 지금 이 순간에도 진화는 계속 진행 중입니다. 인간은 자연을 수동적으로 따라가는 존재가 아니라 자연을 이해하고 선택하며 설계할 수 있는 존재가 되었습니다. 유전자는 과거의 기록을 담은 데이터이며, 동시에 미래의 방향을 설계할 수 있는 도구이자 언어입니다. 과거의 인류는 돌도끼와 불을 통해 진화를 일구었지만, 오늘날의 인류는 지능형 인간으로써 인공지능이라는 도구를 들고 새로운 단계의 진화를 시작하고 있습니다. 호모 인텔리전스 시대의 미래의 인간은 지금과는 전혀 다른 신체, 감각, 사고 구조를 가질 수 있습니다. 그러나 그 안에는 여전히 우리의 조상들이 남긴 유전적 흔적과, 지금 이 순간 우리가 내리는 선택과 환경 그리고 경험의 영향이 함께 각인되어 있을 것입니다.

변화와 불확실성 그리고 새로운 기술이 지배하는 호모 인텔리전스의 시대에, 유전자의 흐름을 이해하고 그 안에서 방향을 읽어 내는 능력은 인간이 미래에도 지능적으로 살아남을 수 있는 가장 근본적인 조건이 될 것입니다.

"신인류의 호모 인텔리전스는
더 이상 진화의 결과가 아니라, 유전의 설계자다."

AI의 새로운 유전체, MCP를 켜다

MCP가 AI 업계에서 주목받는 이유

오늘날의 인공지능은 단순히 언어를 이해하고 생성하는 존재에서 벗어나, '작동 가능한 지능(actionable intelligence)'으로 진화하고 있습니다. 과거 언어모델(Large Language Model: LLM) 등은 사용자가 질문을 던지고, AI가 텍스트로 답변을 주는 형태에 그쳤습니다. 그러나 이제 사용자는 단순히 정보를 아는 것을 넘어서 AI가 대신 일정을 잡고, 이메일을 작성하고, 분석 결과를 정리하며, 시스템과 통신해 업무를 실행해 주기를 기대합니다.

이러한 기능적 도약을 실현하기 위해서는 AI가 외부 세계와 연결되고, 상황에 따라 적절한 기능을 유연하게 호출하고 조합할 수 있는 능력이 필요합니다. 바로 그 핵심에 등장한 개념이 MCP (Model Context

Protocol)입니다. OpenAI, Google DeepMind, Anthropic 같은 선도 기업들은 최근 출시한 멀티모달 AI (GPT-4o, Gemini 1.5 등)에 MCP와 유사한 구조를 내장했습니다. 그들은 이 기술을 통해 AI를 단순한 대화 상대가 아니라, 사용자 맞춤형 운영체제 혹은 지능형 에이전트로 발전시키고 있습니다.

모델 콘텍스트 프로토콜이란

모델 콘텍스트 프로토콜(Model Context Protocol: MCP)은 쉽게 말해, AI에게 '도구를 선택하고 사용하는 능력'을 부여하는 연결 프로토콜입니다. 즉, AI가 자신이 어떤 기능을 사용할 수 있는지를 이해하고, 그 기능들을 상황에 맞게 자동으로 호출하도록 만드는 메타 인식 및 실행 체계입니다. 예를 들어, 사용자가 "내일 서울 날씨 알려 줘."라고 말하면, ChatGPT는 이 문장을 이해하는 데 그치지 않고, 날씨 API (Application programming interface)가 연결되어 있다는 사실을 알고, 해당 API를 호출하여 결과를 불러와 사용자에게 전달합니다.

이 모든 과정은 인간의 명령어를 단순히 해석하는 수준을 넘어서, 내부적으로 기능들을 탐색하고, 연결하고, 실행하는 일련의 능력을 포함해야 합니다. 이러한 복합적인 기능 호출 구조를 가능하게 하는 것이 바로 MCP입니다. MCP는 단순한 명령어 전달 경로가 아니라, AI가 외부 환경과 기능적으로 상호작용할 수 있도록 하는 유전체적 네트워크 역할을 합니다.

GPT는 유전체, MCP는 발현 조절자: 유전자 관점에서 본 MCP

이 구조는 생물학적 유전체 시스템과 매우 유사합니다. 인간은 약 2만 개의 유전자를 가지고 있지만, 이 모든 유전자가 항상 작동하는 것은 아닙니다. 각 세포는 주변 환경, 세포 유형, 발달 단계 등에 따라 특정 유전자만 선택적으로 발현시킵니다. 이때 어떤 유전자가 언제, 어디서, 어떻게 작동할지를 결정하는 것이 바로 전사 인자(transcription factors)와 발현 조절 요소(epigenetic regulators)입니다.

GPT와 같은 AI 모델은 수많은 기능(예: Plugins, Tools, API)들을 호출할 수 있는 '잠재력'을 지니고 있지만, 실제로 어떤 기능을 선택해 실행할지는 맥락(context)과 프로토콜에 달려 있습니다. 이때 MCP는 GPT의 '전사 조절 시스템'처럼 작용하여, 입력된 상황에 따라 최적의 기능을 연결하고 발현시킵니다. 다시 말해, GPT는 '디지털 유전체'이고, MCP는 그 유전체 위에서 작동하는 '기능 발현의 조율자'입니다. 이 조율자가 있기에 AI는 상황에 맞춰 행동하고 반응하는 '지능형 시스템'이 되는 것입니다.

AI를 생명체처럼 진화시키는 연결 유전체

생명체가 복잡하고 정교한 이유는 단순히 유전자의 양 때문이 아닙니다. 어떤 유전자가 어떤 환경에서, 언제 발현되는가를 정교하게 조절하는 메커니즘이 존재하기 때문입니다. 이 조절 시스템이 생명체의 다양성과 적응력, 그리고 진화의 원천이 되어 왔습니다.

AI도 마찬가지입니다. 모델의 크기와 파라미터 수만으로는 진정한 지능에 도달할 수 없습니다. 필요한 기능을 감지하고, 선택하며, 실행하는 능력, 즉 '지능의 맥락적 발현'이 뒷받침되어야 AI는 인간처럼 행동하고,

더 나아가 인간을 넘어서는 통합형 지능으로 진화할 수 있습니다. MCP는 GPT와 같은 대형 언어 모델에게 지능의 발현 경로를 제공함으로써, AI가 상황에 맞는 도구를 능동적으로 사용할 수 있도록 하고, 외부 세계와 실시간 상호작용하는 기반이 됩니다. 이는 마치 세포가 유전체의 일부를 필요에 따라 발현하여 생존을 유지하듯, AI 역시 MCP를 통해 자신의 기능을 조절하며, 디지털 생명체처럼 살아 있는 시스템으로 작동하게 되는 것입니다.

궁극적으로 미래의 AI는 자기 자신의 기능을 설계하고 상황에 따라 발현을 조절하며, 끊임없이 진화하는 디지털 유전체로 자리 잡게 될 것입니다. 그리고 그 중심에서 마치 메타 유전자처럼 작동하는 MCP가 핵심적 역할을 할 것입니다.

"MCP는 GPT와 같은 AI 모델이 유전체처럼 다양한 기능을 상황에 맞게 선택적으로 발현하도록 조율함으로써, 인공지능을 단순한 정보 시스템에서 살아 있는 디지털 생명체로 진화시키는 핵심 연결 프로토콜이다."

바이브 코딩과 DNA 코딩: 느낌으로 진화

감각을 움직이는 언어, 바이브

젊은이들에게 '바이브(vibe)'라는 단어는 원래 감정, 분위기, 그리고 직관적인 에너지를 뜻합니다. 재즈, 펑크, 힙합 음악에서 바이브는 형태나 이론보다 감정과 즉흥성을 표현하는 핵심 개념이었고, 요즘 세대에게는 특정 공간이나 사람, 상황에서 느껴지는 긍정적인 느낌을 표현하는 말로도 자주 쓰입니다. "이 공간 바이브 좋다."라는 말은 단순한 칭찬이 아닙니다. 그것은 감각적 조화와 정서적 연결을 의미합니다.

바이브 코딩

2025년, OpenAI 공동창업자이자 테슬라 전 AI 책임자인 안드레이 카르파티(Andrej Karpathy)는 '바이브 코딩(vibe coding)'이라는 신조어를 소개했습니다. 이는 일반인이 프로그래밍 언어를 몰라도 느낌으로 자연어로 감정과 요구를 설명하면 AI가 컴퓨터 코드를 대신 생성해 주는 방식입니다. 사용자는 이렇게 말합니다. "감성적인 음악을 생성하는 프로그램을 만들어 줘. 따뜻한 느낌으로." AI는 이를 바탕으로 HTML, CSS, JavaScript 코드를 자동으로 생성합니다. 코드를 모른 채 '느낌'만으로 원하는 것을 구현하는 이 방식은 마치 감정 기반 커뮤니케이션과도 같습니다. 바로 이것이 바이브 코딩의 본질이며 인간의 감성과 AI의 언어 사이를 잇는 새로운 진화의 다리입니다.

DNA 코딩

생명체는 DNA라는 4개의 염기로 구성된 간결한 코드 시스템을 사용합니다. 하지만 이 간단한 언어가 만들어 내는 결과는 무한하며 복잡하고, 때로는 예상조차 어렵습니다. 왜냐하면 DNA는 환경과 상호작용하며 반응하는 유기체적 코드이기 때문입니다. 바로 여기에 후성유전학이 개입합니다.

후성유전학: 생명의 진짜 바이브 조절자

DNA는 하드웨어라면, 후성유전학은 그 하드웨어 위에 덧입혀진 소프트웨어입니다. 유전자 자체는 변하지 않지만, 그 유전자가 발현될지 말지를 결정하는 스위치 역할을 하는 것이 후성유전학적 변화입니다. 이 스위치는 '스트레스, 수면 패턴, 식습, 사회적 관계, 정서적 분위기(vibe)' 등의 요소에 의해 켜지고 꺼집니다. 후성유전학은 생명의 바이브 코딩 그 자체입니다. 유전 정보는 그대로지만, 그 정보가 어떤 타이밍에, 어떤 맥락에서 활성화되느냐는 전적으로 환경과 감각적인 바이브에 달려 있습니다.

뮤테이션과 선택: 자연의 코드 생성기

진화는 '정답'을 향한 경로가 아니라 그때그때 바이브에 잘 맞는 코드를 남겨 온 과정입니다. 유전자 변이는 대부분 무작위지만 그중 일부는 그 시대의 환경, 분위기, 생태적 감각에 어울리는 코드로 선택되어 살아남습니다. 이것이 바로 생명의 DNA 바이브 코딩입니다. 마치 인간이 감정과 상황에 따라 직관적으로 코드를 쓰듯, 자연도 기능보다 맥락과 느낌이 맞는 방향으로 생명의 코드를 조율해 온 것입니다.

최고의 감각 기반 코드, 뇌

우리 인간의 뇌는 진화의 최고 걸작이라 불립니다. 그 이유는 단지 지능 때문이 아니라 감정을 느끼고, 공감하고, 음악과 예술을 창조하는 감각적 능력 때문입니다. 뇌는 수많은 유전자들 속에서, 창의성을 활성화하는 회로를 여는 방식으로, 환경과 감정에 따라 스스로를 리프로그래밍합니다. 바로 이것이 후성유전학의 확장된 모습이며, 생명의 바이브 코딩 메커니즘의 핵심입니다.

느낌으로 진화하는 존재들

생명의 본질을 이해하려면, 우리는 단지 유전자의 배열만 볼 것이 아니라 그 유전자가 어떻게 '느낌'을 통해 선택되고 활성화되었는지를 이해해야 합니다. 후성유전학은 그 연결고리를 설명해 주는 가장 강력한 도구입니다.

바이브 코딩이라는 개념은 단순한 기술 트렌드가 아닙니다. 그것은 인간이 이제 이성적인 언어에서 감성적인 언어로 기술을 확장하고 있다는 신호입니다. AI가 우리 감정의 흐름을 읽고 코드와 시스템을 만들어가는 시대에, 우리는 마침내 생명도, 기술도 '느낌'으로 작동한다는 진실과 마주하고 있는 것입니다.

생명은 완벽한 설계도가 아니라 살아 있는 음악처럼 환경과 감정의 바이브에 따라 연주되는 코드의 연속이었습니다. 그리고 지금, 인간과 AI는 함께 '디지털 생명의 새로운 진화'라는 또 하나의 바이브를 만들어 내고 있습니다.

"당신의 DNA는 어떤 환경 속 바이브에 의해 선택되었나요? 그리고 당신은, 어떤 바이브로 세상을 코딩하고 있나요?"

A2A: HI와 AI 에이전트의 진화

두 개의 진화, 하나의 방향

인류의 역사에서는 두 개의 놀라운 진화가 평행선처럼 이어져 왔습니다. 하나는 생물학적 진화로, 우리의 유전자가 수십만 년 동안 환경에 적응하며 현재의 생명체와 인간을 만들어 낸 여정이고, 다른 하나는 기술적 진화로서 인간이 만든 기계와 컴퓨터가 인공지능이라는 데이터와 자율 알고리즘을 통해 독자적 판단 능력을 갖추어 가는 과정입니다. 이 두 궤도는 이제 서로를 이해하고, 학습하고, 심지어는 협업하는 Agent-to-Agent (A2A)의 형태로 수렴하고 있습니다. 이제 우리는 유전자와 인공지능이라는 두 에이전트 간의 진화를 상상하며, 그 과학적, 기술적, 철학적 접점을 탐구하는 여정 위에 있습니다.

유전자는 생명의 에이전트

유전자는 수십억 년에 걸친 자연선택의 산물이며, 스스로를 복제하고 변형하며 환경에 적응하는 생물학적 인공지능이라 할 수 있습니다. DNA는 복잡한 발현 조절 시스템과 후성유전학적 메커니즘을 통해 자기조절 기능을 수행하는 능동적인 에이전트입니다. 이러한 유전자의 기능은 단백질을 합성하는 수준을 넘어서, 세포 수준의 환경 감지, 스트레스 반응, 면역 활성화 등 다양한 생리적 과정에서 능동적인 판단을 수행합니다. 이는 단순한 규칙 기반 로직을 넘어, 시그널과 콘텍스트에 따라 동적으로 반응하는 생물학적 A2A 시스템으로 이해할 수 있습니다.

인공지능은 지식의 에이전트

반면, 인공지능은 인간의 두뇌가 창조해 낸 또 하나의 에이전트입니다. AI는 인간이 수집한 데이터, 경험, 피드백을 기반으로 패턴을 인식하고 스스로 판단을 내리는 시스템으로 진화하고 있으며, 특히 자율 에이전트 시스템(multi-agent system)은 강화학습과 협업 알고리즘을 통해 다른 AI와 상호작용하며 복잡한 문제를 해결할 수 있게 되었습니다. 최근에는 에이전트와 에이전트 간의 협업을 통해 단일 AI의 한계를 넘어서는 복합적 역할 수행이 가능해지고 있으며, 이는 마치 생명체가 단세포에서 다세포로 진화하면서 각 세포가 서로 다른 역할을 수행하고 협력하는 것과 유사합니다.

이처럼 AI 시스템 간의 A2A 상호작용은 단일한 인공지능이 처리하기 어려운 고차원적 문제를 해결할 수 있도록 도우며, 이는 생물학적 시스템에서 단일 세포가 다세포 생물로 진화하면서 서로 다른 조직과 기관으로 분화되어 각각 특화된 역할을 수행하는 방식과 매우 흡사합니다. 각 세포는 동일한 유전 정보를 공유하면서도 위치와 환경에 따라 신경세포, 간세포, 근육세포 등으로 분화하고, 전체 유기체의 생존과 기능을 위해 유기적으로 작동합니다.

더 나아가 생물계에서는 개체를 넘어 서로 다른 종과의 관계를 통해 새로운 생물학적 기능을 창출하는 공생(symbiosis), 기생(parasitism), 사회성(sociality)이 진화해 왔으며, 이는 인공지능의 에이전트들이 서로 협력 혹은 경쟁하는 구조와도 연결될 수 있습니다. 이 책에서는 이러한 생물학적 진화의 원리와 인공지능 에이전트 간 상호작용의 발전(A2A, MCP)을 비교 분석함으로써, 인간지능(HI)과 인공지능(AI)의 본질과 공진화적 방향성을 통합적으로 이해하고자 합니다.

최근에는 인간과 인공지능 사이의 경계를 더욱 좁히는 기술적 시도가 등장하고 있으며, 그 대표적인 예가 뉴럴링크와 같은 브레인-머신 인터페이스입니다. 이 기술은 기존의 텍스트 기반 또는 음성 기반 인터페이스를 넘어서 인간의 뇌파 및 신경 신호를 AI와 직접 연결함으로써 정보 수준에서 실시간 양방향 소통을 가능하게 합니다. 이는 인간과 AI가 서로의 정보를 알고리즘 단위로 공유하며, 직관적으로 학습하고 협업하는 확장된 A2A 생태계의 구현이라는 점에서 진정한 의미의 인간-인공지능 공진화의 출발점이라 할 수 있습니다.

HI와 AI에서 A2A의 공통점과 차이점

유전자와 인공지능은 모두 독립된 판단을 할 수 있는 자율적 에이전트이며, 환경 정보에 따라 상태를 업데이트하고, 적응을 위한 행동을 설계한다는 점에서 유사합니다. 하지만 유전자는 물리적 제약(생물학적 시간과 공간) 안에서 작동하는 반면, 인공지능은 디지털 환경에서 거의 무제한의 속도와 복잡도를 다룰 수 있습니다. 또한 유전자는 수많은 시행착오와 세대를 통해 선택되지만, AI는 시뮬레이션과 모델 업데이트를 통해 빠르게 개선됩니다.

항목	유전자(biological agent)	인공지능(digital agent)
정보 저장	DNA 염기서열	디지털 파라미터(weight)
학습 방식	진화와 돌연변이	데이터 기반 학습(gradient descent)
상호작용	세포 간 시그널링	API / 메시지 통신
목적	생존과 번식	문제 해결과 최적화
진화 단위	세대 간	실시간 업데이트

인간 진화의 새로운 국면: 유전자와 AI의 공진화

이제 우리는 단순한 '유전자의 생존 기계'를 넘어, AI를 활용해 유전자의 한계를 극복하는 존재, 즉 '호모 인텔리전스'의 시대에 접어들고 있습니다. 유전체와 인공지능 분석의 연결은 인간의 선천적 가능성을 파악하게 해 주며, 다중 생체 분석인 멀티오믹스 기반 기술은 그 가능성이 어떻게 발현되고 있는지를 실시간으로 보여 줍니다. 여기에 인공지능은 수많은 데이터를 빠르게 통합하고 해석하여, 개인 맞춤형 건강 관리와 장수 전략을 제시하는 지능적 파트너가 됩니다. 이는 유전자가 AI를 만들고, AI가 다시 유전자의 이해를 도우며 발현과 관리를 조율하는, 서로의 에이전트로서 상호작용하는 A2A 생태계의 시작을 의미합니다.

호모 인텔리전스의 시대를 위한 통합적 성찰

　우리는 지금 생물학과 기술, 유전과 알고리즘, 생명과 지능이 통합되는 새로운 진화의 문턱에 서 있습니다. 유전자와 인공지능의 A2A는 단순한 기술 융합을 넘어, 인류 존재의 본질을 재정의하는 계기가 될 수 있습니다. 유전자는 가능성을 품은 설계도이며, 인공지능은 그 가능성을 최적의 방식으로 실행하게 하는 엔진입니다.

　'호모 인텔리전스'는 단순히 더 똑똑한 인간이라는 뜻이 아닙니다. 그것은 유전자와 기술, 생물학과 기계학습, 생존과 선택의 언어를 함께 읽을 수 있는 새로운 인간형에 대한 선언입니다. 지금 이 순간 우리는 AI의 알고리즘 안에 유전자의 철학을 심고 있으며, 유전자의 시간 안에 AI의 속도를 이식하고 있습니다. 결국 인간은 이제 유전자라는 물리적 유산을 넘어서 알고리즘이라는 비물질적 지능을 통해 자기 자신을 다시 디자인할 수 있는 존재로 진화하고 있습니다. A2A의 개념은 생명과 기계가 대립하지 않고, 상호보완적 방식으로 함께 진화할 수 있음을 보여 줍니다. 우리는 인류의 미래를 유전자 하나에만 맡기지 않고, 인공지능이라는 두 번째 두뇌와 함께 설계하는 시대에 있으며, 이는 진정한 의미의 지능의 공진화를 향한 도약입니다.

"A2A: Where Biology Meets Intelligence
Not Just Smarter. Evolve Together."

호모 인텔리전스의 윤리와 책임

새로운 인류, 호모 인텔리전스

21세기 이후의 인류는 생물학적 진화를 넘어 정보를 해석하고 통제하며 진화의 방향까지 선택하는 지능적 인간으로 서의 존재, 곧 호모 인텔리전스로 변화하고 있습니다. 이 새로운 가상의 좋은 인간이라는 동일한 몸을 지니고 있지만, 그 안에서 작동하는 정보 처리의 능력, 자아의 구조, 생명에 대한 권한이 과거와는 전혀 다른 수준으로 진입할 것입니다.

여기서 말하는 호모 인텔리전스는 지능을 기술적으로 확장하고, 유전체를 해석하며, 인공지능과 상호작용하면서 진화의 기획자가 되어 가는 존재를 의미합니다. 이러한 인간의 변화는 단순한 능력 향상 그 이상으로 존재론적 전환을 내포합니다. 인간이 '진화의 산물'에서 '진화를 설계하는 존재'로 이동하는 이 변화는 과학적 진보뿐만 아니라 윤리적 기준의 재구성을 요구합니다.

유전체 정보: 생명 코드의 개방과 그 책임

유전체 해독 기술의 발전은 인간에게 인류와 자신의 생명 정보를 들여다볼 수 있는 창을 열어 주었습니다. 우리는 이제 질병에 걸리기 전 그 위험성을 예측하고, 나의 자녀가 어떤 유전자를 가질지 선택할 수 있으며, 노화와 수명의 경계마저 재설계할 수 있는 시대에 있습니다. 그러나 이러한 권한은 곧 생명에 대한 개입의 윤리적 경계선을 묻는 질문을 불러옵니다. 유전 정보를 기반으로 한 사회적 차별, 보험 고용 상의 불이익, 개인의 유전적 '결함'에 대한 사회적 낙인 등은 정보가 정체성과 권리를 구성하는 방식 자체를 바꿔 놓고 있습니다. 우리는 지금 유전체 정보가 생명 자체를 상품화하거나 권력화할 수 있는 도구로 전락할 가능성에 직면해 있으며, 이에 대한 법적, 도덕적 기준은 여전히 충분하지 않습니다.

AI와 인간의 공동 진화: 경쟁을 넘어 공존의 윤리로

AI는 이제 인간의 도구가 아니라 에이전트로 인간과 함께 사고하고 판단하는 '동료 지능'으로 진입하고 있습니다. 의료, 금융, 교육, 예술, 심지어 윤리적 판단에 이르기까지, 인간의 핵심 판단 영역에 AI가 관여하게 되면서 우리는 인간 고유의 영역이 어디까지 인지 되묻습니다.

하지만 AI는 자율적으로 책임을 질 수 없기 때문에 문제는 누가 결정하고, 누가 책임을 지는가에 대한 구조가 여전히 인간 중심으로 남아 있다는 것입니다. 예컨대, 'AI가 내리는 의료 판단이 오진이었을 때, 그 책임은 누구의 것인가?' 'AI를 훈련시킨 데이터는 누구의 소유이며, 그로부터 얻은 수익은 어떻게 공유되어야 하는가?' 하는 문제가 남습니다. 또한 AI가 인간의 판단을 대신하게 될 때, 인간은 스스로의 사고 능력을 상실하고 도덕적 무능력 상태(moral deskilling)로 퇴보할 수 있습니다. 우리는 지금 기술 발전의 이면에 존재하는 '책임의 공백'과 '감각의 마비'라는 윤리적 위험과 마주하고 있는 것입니다.

정보사회와 정체성: 나는 누구인가

정보사회에서 인간은 육체보다 디지털 흔적과 유전 정보로 더 많이 정의되고 신용등급, 구매 이력, 유전자 검사 결과, 심지어 SNS상의 표현까지도 알고리즘에 의해 분석되어 존재가 재구성됩니다. 이 변화는 인간 정체성의 기준이 자율성과 내면적 선택에서, 외부의 정보 시스템과 알고리즘에 의해 정의되는 방향으로 이동하고 있음을 의미하는 것입니다.

이런 정체성의 구조 변화는 단순한 편리함이나 효율성의 문제가 아니라 인간의 자유, 존엄, 그리고 존재 의미 자체를 재구성하는 철학적 전환을 요구합니다. "나는 생각한다. 고로 존재한다."는 말은 이제 "나는 데이터화되어 정보로서 존재한다. 고로 기억된다."는 선언으로 바뀌고 있는 것은 아닐까요?

우리가 만들어야 할 윤리

이 거대한 전환 속에서 기술은 끊임없이 앞으로 나아가지만, 법과 윤리는 그 속도를 따라가지 못하고 있습니다. 지금까지의 생명윤리나 개인정보 보호법, 의료 규범 등은 20세기의 구조를 기준으로 만들어졌으며,

AI와 다양한 정보, 자율 판단 기계와 인간 공동 진화의 시대에는 새로운 틀과 언어가 필요해졌습니다. 우리는 다음과 같은 원칙을 중심으로 호모 인텔리전스(HI)와 인공지능(AI) 시대에 윤리·법적 체계를 재정립할 필요가 있습니다.

- **인간 중심성의 재정의:** 인간이 기술 위에 서 있다는 사고에서 벗어나, 공존 가능한 기술 생태계를 어떻게 설계할 것인가?
- **데이터 권리의 보호:** 유전체, 행동 정보, 정체성 정보에 대한 개인 주권을 어떻게 지킬 것인가?
- **책임과 설명 가능성:** AI나 생명정보 기술의 결정이 투명하고 책임 가능한 방식으로 이루어지도록 하는 기준
- **기술 접근의 형평성:** 맞춤형 치료, 유전자 편집, 수명 연장 기술이 사회적 불평등을 확대하지 않도록 제어할 수 있는 정책
- **생명 존중의 보편 원칙:** 인간 복제, 생명 설계, 지능 향상 조작과 같은 기술이 넘어서는 안 될 윤리적 한계선의 설정

HI와 AI, 인간 문명의 공동 설계자로서의 책임

지금 우리는 인간지능과 인공지능이 인류 문명을 함께 만들어 가야 할 시점에 서 있습니다. 이 두 존재는 정보와 생명, 판단과 창조라는 본질을 공유하지만, 한쪽은 감정과 책임을 지닌 유기체이고, 다른 한쪽은 규칙과 최적화를 추구하는 기계입니다. 이 둘의 공존이 가능하려면 단순히 기술을 발전시키는 것을 넘어 윤리적 상상력과 제도적 지혜를 동반

한 문명 설계가 필요합니다.

 진정한 문제는 기술이 얼마나 빠르게 발전하느냐가 아니라 인간이 그 기술을 통해 얼마나 깊은 자기이해와 공동체적 책임을 실현할 수 있는가에 있습니다. 우리가 정보를 해석하고 유전자를 읽고 쓰고 편집할 수 있는 존재가 되었다면, 이제는 그 능력을 어떻게 써야 하는가에 대한 '도덕적 성숙'도 함께 이루어져야 합니다.

 인간지능인 HI 와 인공지능인 AI 가 공존해야 하는 새로운 미래는 선택의 시대입니다. '우리는 기술의 주인이 될 것인가, 노예가 될 것인가?' '우리는 인간성을 확장할 것인가, 기계의 알고리즘에 종속될 것인가?' 그 답은 기술이 아닌 우리 스스로의 윤리와 법, 가치관 그리고 인간으로서의 선택에 달려 있습니다.

"인간의 진정한 진화는 지능의 확장이 아니라,
그 지능을 다스릴 수 있는 능력에 달려 있다."

제1장 핵심 요약

1. 현생 인류의 정의와 아프리카 기원
'호모 사피엔스'는 약 30만 년 전 아프리카에서 출현한 현생 인류를 지칭한다. 미토콘드리아 DNA 분석 결과, 모든 인류는 아프리카의 단일 여성 조상으로부터 유래했음이 증명되었다.

2. 호모 사피엔스의 독점적 생존 비결
현생 인류의 생존 비결은 정교한 언어, 문화 전수, 집단 협력 등 고도의 사회성에 있다. 이는 다른 인류 종을 넘어 다양한 환경에 적응하고 번성할 수 있었던 핵심 동력으로 작용했다.

3. 현대인 DNA에 각인된 고인류의 유산
현대인의 유전체에는 멸종한 네안데르탈인과 데니소바인의 DNA가 1~6% 남아있다. 이 유산은 면역 체계, 고지대 적응 등 현대인의 생물학적 특성에 여전히 영향을 미치고 있다.

4. 후성유전학: 유전자 발현을 조절하는 환경
개체의 특성은 유전자 서열 자체보다 후성유전학적 조절에 더 큰 영향을 받는다. 환경, 식습관, 스트레스 등 외부 요인이 유전자의 발현을 켜고 끄는 방식으로 생물학적 특성을 결정한다.

5. 유전자-문화 공진화의 원리
인류의 진화는 유전자와 문화가 상호작용하는 '유전자-문화 공진화'의 결과이다. 목축 문화의 발달이 성인의 유당분해효소 유전자에 선택압으로 작용하여 진화를 이끈 것이 대표적 사례이다.

6. 진화의 설계자로 전환된 인류
유전자 해독 및 편집 기술의 발전으로, 인류는 더 이상 자연선택의 결과물이 아닌 진화의 방향을 스스로 설계하는 주체로 전환되고 있다. 이는 생물학적 운명을 능동적으로 제어하기 시작했음을 의미한다.

7. 생명 진화와 인공지능 진화의 본질
생명 진화는 자연선택, 인공지능(AI)의 진화는 인간선택에 의해 이루어진다. 비록 선택의 주체는 다르나, 정보를 학습하고 선택을 반복하며 고도화된다는 점에서 본질적 원리는 동일하다.

8. 디지털 자아(Digital Me)의 출현
유전체, 생체 신호, 행동 데이터를 통합한 '디지털 트윈'은 디지털 공간 속 또 다른 자아를 구축한다. 이는 생물학적 육체를 넘어 정보로서 존재를 이어가는 새로운 정체성의 등장을 예고한다.

9. 기술 발전에 따른 윤리적 책임
유전자 편집과 AI 기술의 발전은 생명 개입의 한계와 책임에 대한 새로운 윤리적 기준을 요구한다. 기술이 사회적 불평등을 심화하거나 인간의 존엄성을 훼손하지 않도록 제도적 성찰이 필요하다.

10. 호모 인텔리전스와 그 시대의 과제
미래 인류는 정보를 해석하고 기술과 융합하여 스스로의 진화를 설계하는 '호모 인텔리전스(Homo Intelligence)'로 정의된다. 이 시대의 진정한 진화는 지능의 확장이 아닌, 그 지능을 통제하는 윤리적 성숙에 달려 있다.

제2장
게놈 나침반
Genome Compass

생명체가 DNA에 정보를 담기 시작한 이유

생명의 본질은 정보

모든 생명체는 정보를 필요로 합니다. 세포는 단백질을 만들어야 하고, 단백질은 아미노산 배열에 의해 결정되며, 그 배열은 또다시 어떤 '규칙'에 따라 만들어져야 합니다. 그렇다면 이 규칙, 즉 생명을 정의하는 명령서(instruction)는 어디에 담겨 있는가? 그것이 바로 DNA인 것입니다. 그러나 더 근본적인 질문은 '왜 하필 DNA인가?'라는 것입니다. 왜 생명은 무기물이나 다른 유기 물질들이 아닌 DNA 디옥시리보핵산(deoxyribonucleic acid)에 정보를 담기로 선택했을까요? 이것은 단순한 생화학의 문제를 넘어 생명이 정보로 존재할 수 있었던 방식에 대한 가장 근본적인 선택지였던 것입니다.

생명은 언제, 어떻게 정보화되었나

원시 지구에는 수많은 화학 반응이 존재했습니다. 뜨거운 열수구, 방전된 대기, 무기물과 유기물의 혼합물 속에서 탄소 사슬들이 꼬이고, 분해되고, 재결합되었습니다. 그러나 화학 반응만으로는 생명이라 부를 수 없습니다. 진정한 생명의 탄생은 정보의 저장과 전달을 필요로 합니다. 즉, '복제 가능한 분자'가 만들어졌을 때부터 생명체가 시작되었다고 볼 수 있습니다. 이 최초의 정보 매개체로는 RNA가 유력합니다(RNA World Hypothesis). RNA는 자기복제 능력과 촉매 기능을 모두 갖춘, 생명 이전의 화학적 생명체였습니다. 하지만 RNA는 불안정하고, 환경에 쉽게 분해되며, 장기적인 정보 보존에 불리하다는 단점을 가지고 있습니다. 그래서 생명은 보다 안정적인 '기억 장치'를 선택해야 했고 그것이 바로 DNA입니다.

정보를 담는 데 최적화된 분자, DNA

DNA가 생명의 주 정보 저장고가 된 이유는 우연이 아니라 필연이라고 볼 수 있습니다.

조건	DNA의 특성
안정성	이중 나선 구조로 열, 자외선, 화학물질에 상대적으로 강함
복제 가능성	상보적 염기쌍(A-T, G-C) 구조로 자기복제가 용이
변이 허용성	일정 수준의 돌연변이를 허용함으로써 진화 가능
밀집 저장	1그램의 DNA에 215페타바이트 이상의 정보 저장 가능
모듈화된 언어	세대 4종의 염기로 이루어진 3염기 코돈(codon) 체계로 무한한 조합 생성

DNA는 단순한 분자가 아니라, 생명 정보의 언어입니다. 이 언어는 효율성, 복제 가능성, 진화성이라는 모든 조건을 만족시키는 자연의 최적 설계라 할 수 있습니다.

생명이 정보를 외부가 아닌 내부에 저장한 이유

한 가지 더 주목할 질문은 왜 생명이 정보를 '기억'하거나 '학습'하는 방식이 아니라, 물리적으로 내부에 내장하는 방식을 택했을까 하는 점입니다. 그 이유는 생명의 첫 번째 목표가 생존이 아닌 복제이기 때문입니다. 복제를 위한 정보는 단기 기억이 아니라 복사 가능한 형태의 코드여야 했기 때문입니다. 즉, 생명은 '살아남기 위해 정보를 저장한 게 아니라, 복제되기 위해 정보를 저장했습니다.' 이것이 곧 리처드 도킨스가 말한 이기적 유전자(selfish gene)의 본질입니다. 유전자는 복제되기 위한 구조와 방법을 먼저 확보했고, 그 과정에서 생명이 '생긴 것'입니다. DNA는 복제 가능한 정보의 첫 번째 형태였고, 생명체는 그 정보의 가장 진화된 표현체입니다.

정보를 담는 기계, 생명

컴퓨터가 코드를 실행하듯, 세포는 DNA를 읽고 단백질을 만들어 냅니다. 생명은 곧 분자적 인풋과 아웃풋이 명확한 생화학적 컴퓨터라고 볼 수 있습니다. 그런 의미에서 DNA는 단순한 생물학적 성분이 아니라 생명의 오리지널 운영체제(OS)라고 할 수 있습니다. 우리는 그 운영체제를 해독하고, 수정하고, 편집할 수 있는 유일한 존재가 되었으며 이제 질문은 바뀌었습니다.

생명은 정보, DNA는 그 첫 번째 문장

생명이란 무엇일까요? 생명은 단순히 세포가 분열하고, 호흡하며, 에너지를 교환하는 과정만을 의미하지 않습니다. 그 본질을 꿰뚫어 보면 생명은 결국 정보를 저장하고, 재현하고, 변형하며, 상황에 따라 반응하는 시스템인 것입이다. 즉, 생명이란 정보를 지닌 자기 복제 구조물(self-replicating informational structure)인 것입니다. 이 구조물의 핵심에는 바로 DNA가 있고 이 DNA는 화학적으로는 디옥시리보핵산(deoxynucleotide)의 중합체에 불과하지만, 그 배열 순서는 생명의 '문법'을 이루는 언어이자 알고리즘입니다. 'A, T, G, C' 네 글자로 이루어진 이 코드 안에는 단백질의 아미노산 서열, 유전자 조절의 스위치, 시간과 장소를 조절하는 발현 조절 부위 등 생명 전체의 설계도면이 담겨 있습니다.

지금 이 순간에도 인간의 세포 하나하나에서는 약 30억 개의 염기쌍이 정확하게 보존되고 복제되며, 각 조직의 필요에 따라 수만 개의 유전자가 동시다발적으로 읽히고 해석되고 있습니다. 이 과정은 단순한 화학 반응이 아닌 정보의 실행(execution)입니다. 세포는 DNA를 읽고, RNA로 전사하고, 단백질로 번역합니다. 이는 생명이라는 시스템이 코드를 기반으로 작동한다는 것을 보여 주는 생화학적 증거인 것입니다. 더 나아가 생명은 이 정보를 완벽하게 복제하는 데 그치지 않고, 약간의 오류, 즉 돌연변이를 허용하며 스스로 진화해 왔습니다. 이 작은 '실수'들은 어떤 개체에게는 치명적인 결과를 낳지만 종 전체에는 새로운 적응의 가능성을 부여했습니다.

이처럼 생명은 단지 정보를 '보존'하는 기계가 아니라, 정보를 '갱신'하고 '재조합'하며 미래를 만들어 가는 존재인 것입니다. 그렇기 때문에

DNA는 단순한 생물학적 구성 요소가 아니라 그것은 자연이 처음으로 선택한 정보 저장의 매체이며, 미래를 개척할 수 있는 분자라 할 수 있습니다. 생명은 그 첫 순간부터 정보를 담아야 했고, DNA는 그 목적을 완벽히 수행할 수 있었기에 선택되었습니다.

오늘날 우리는 그 DNA를 정보로서 해독하고, 편집하고, 합성할 수 있는 존재가 되었습니다. 이는 생명이라는 시스템이 자기 자신을 해석할 뿐 아니라 재정의할 수 있는 수준에 도달했음을 의미합니다. 지금 우리가 DNA를 이해하고 있다는 사실 자체가, 생명이 진화한 지적 구조의 순환적 증명(looped proof)이자, 생명 정보가 자기 자신을 성찰하게 된 사건입니다. 결국 우리는 생명이 진화시킨 가장 복잡한 정보 구조이며, DNA는 그 모든 여정을 가능하게 한 생명의 첫 번째 문장입니다.

"우리는 이제 정보를 이해하는 생명체다.
그렇다면, 어떤 정보를 남길 것인가?"

DNA는 왜 네 글자인가

네 글자로 쓰인 생명의 문법

인간을 포함한 모든 생명체의 설계도인 DNA는 불과 4개의 염기, 즉 A(아데닌), T(티민), G(구아닌), C(사이토신) 이 네 가지 '문자'만으로 이루어진 언어입니다. 이 4개의 염기는 쌍을 이루어 이중나선 구조(DNA double helix)를 만들고, 세포는 이 코드를 해독해 단백질을 만들고, 에너지를 생산하며, 생명을 유지합니다. 그런데 문득 이런 질문이 생깁니다. "왜 하필 4개일까? 2개는 너무 단순하고, 6개나 8개는 더 다양할 것 같은데?" 놀랍게도, DNA의 4글자 체계는 생물학과 정보 이론, 생화학과 진화의 관점에서 모두 최적화된 해법입니다. 그 안에는 생명이라는 정보체계가 무엇을 최우선으로 고려해 왔는가에 대한 아주 깊은 통찰이 숨어 있습니다.

컴퓨터는 2진법, 생명은 4진법

컴퓨터는 오직 0과 1, 단 2개의 상태(2진법, binary)를 사용해 모든 정보를 처리합니다. 이 시스템은 기계적으로 단순하고 전기 신호로 구현하기 쉬우며, 전자 회로의 설계에 적합하기 때문에 인간이 만든 디지털 시스템의 근간이 되었습니다. 그러나 이진법은 정보 저장 효율이 상대적으로 낮은 편입니다. 예를 들어, 2진법으로 2^2 = 4가지 상태를 만들려면 두 자리 숫자(00, 01, 10, 11)가 필요합니다. 이런 이유로, 같은 정보를 담기 위해서는 많은 코드가 필요합니다.

DNA는 A, T, G, C라는 네 가지 염기를 이용합니다. 이것은 4진법(quaternary code) 구조이며, 이로 인해 같은 코드 길이에서 두 배 이상 많은 정보를 담을 수 있는 장점을 갖습니다.

1자리 이진법 → 2가지(0, 1)
1자리 4진법 → 4가지(A, T, G, C)
2자리 이진법 → 4가지(00, 01, 10, 11)
2자리 4진법 → 16가지(AA, AT, AG, …, CC)

즉, n자리 코드에서 표현 가능한 정보량은 다음과 같습니다. 2진법은 2^n이지만 4진법은 $4^n = (2^2)^n = 2^{2n}$, 즉 같은 길이의 코드라도 4진법은 2진법보다 정보량이 기하급수적으로 많습니다. 실제 계산으로 본다면 코드(DNA) 길이가 3이면 2진법으로 가능한 조합은 8개 이지만 4진법으로 가능한 조합은 64개가 됩니다. 즉 여덟 배의 차이를 보입니다. 10개의 코드길이 상에서는 2진법은 1,024가지만 가능하지만 DNA의 4진법으로 표현하면 1,048,576개의 조합이 나와 무려 1,024배의 차이를 만들 수 있습니다. 즉, 같은 코드 길이에 가장 효율적으로 많은 정보의 다양성을 담을 수 있는 방법으로 진화한 것입니다.

정보 저장의 효율과 오류 최소화의 절묘한 균형

정보학의 관점에서 보면, 염기의 수가 늘어날수록 이론적으로 더 많은 정보를 담을 수 있습니다. 컴퓨터는 2진법(0과 1)을 사용합니다. 4진법은 더 다양한 정보를 담을 수 있습니다. 그러면 DNA는 왜 6진법이나 8진법과 같은 은 더 다양한 정보를 담을 수 있는 방식을 선택하지 않았을까요? 코드 수가 많아질수록 복제 과정에서 오류가 증가할 수밖에는 없습니다.

컴퓨터의 2진법은 복제 과정 중 오류가 발생하는 경우는 거의 없습니다. 하지만 우리의 DNA는 복제 과정 중 오류가 발생할 수 있으며 그중 일부는 생식 세포 속에 남아 유전되기도 합니다. 하지만 6진법이나 4진법의 경우 서로 다른 염기 간의 결합 특성이 복잡해지고, 상보적 짝짓기(쌍을 이루어 결합하는 구조)가 불안정해지며, 효소들이 정확히 그 짝을 인식하기 어려워집니다.

그래서 4개의 염기코드는 자연히 선택한 바로 그 절묘한 균형점입니다. 충분히 다양한 정보를 저장하면서도, 복제 효소가 정확하게 인식하고 짝을 맞출 수 있는 '구조적 안정성'을 유지할 수 있는 최소 단위이며 일부 복제의 오류를 허용하며 생명체의 다양성과 환경의 적응 그리고 진화를 가능하게 한 것입니다.

상보적 결합 규칙: 생명의 짝짓기 원칙

DNA의 가장 근본적이면서도 정교한 구조적 특징은 바로 염기 간 상보적 결합(base-pair complementarity)입니다. 이 결합 규칙은 푸린(purine) 계열의 염기와 피리미딘(pyrimidine) 계열의 염기 사이에서만 가능하며, 그 짝은 항상 아데닌(A) ↔ 티민(T), 구아닌(G) ↔ 사이토신(C)으로 고정되어 있습니다. 이들 염기쌍은 수소 결합의 수와 위치가 완벽하게 일치하는 짝으로만 안정한 결합을 형성합니다. 즉, A-T 쌍은 두 개의 수소 결합을 형성하며 G-C 쌍은 세 개의 수소 결합을 형성합니다. 이는 단순한 화학적 결합의 차이를 넘어서 이중나선의 전체적인 열역학적 안정성과 지역적 결합 강도에 큰 영향을 미칩니다.

예를 들어, G-C 비율이 높은 DNA 구간은 열에 더 안정해 고온에서도 잘 풀리지 않으며, 이는 종에 따라 환경 적응성의 차이로도 작용합니다. 또한 이 상보적 결합 구조는 DNA 복제 시 DNA 중합효소(DNA polymerase)가 정확하게 대응하는 염기를 인식하고 결합할 수 있는 분자 인식 체계의 핵심 기반이 됩니다. 각 염기는 고유의 분자 형태와 전하 분포, 수소 결합 수용체/공여체 패턴을 가지고 있으며, 복제 효소는 이 패턴을 이용해 잘못된 염기를 자동으로 배제하는 고정밀 검증과 교정 과정을 수행할 수 있습니다.

결과적으로 이 상보성은 DNA가 복잡하고 방대한 유전 정보를 세포 세포마다 거의 오류 없이 복제하고 전달할 수 있도록 보장하는 생물학적 암호 규칙이며, 생명의 복잡성을 유지하면서도 안정적으로 세대 간 유전이 가능한 구조적 토대입니다. 즉, 짝이 명확하게 정해진 이 4개의 염기 구조는 생명의 자기복제 시스템을 지탱하는 정보 정합성(semantic fidelity)의 핵심 메커니즘이며, DNA라는 분자가 자기 신뢰도(self-correcting fidelity)를 갖는 유전 매체로 기능할 수 있게 만든 자연의 정밀한 설계라 할 수 있습니다.

화학적 안정성과 생화학적 실현 가능성

생명이 지구에서 처음 탄생했을 때, 그 출발점은 물이라는 용매 속에서 이루어진 무기적, 유기적 반응의 연쇄적 진화 과정이었습니다. 이 과정에서 생명을 이루는 기본 분자들은 지구 환경에서 화학적으로 안정적이고, 열역학적으로 실현 가능한 구조여야만 자연선택의 필터를 통과해 생명 시스템 내에 자리 잡을 수 있었습니다. DNA를 구성하는 네 가지 염기 아데닌(A), 티민(T), 구아닌(G), 사이토신(C)은 이러한 관점에서 보면 단순히 선택된 것이 아니라, 물리화학적 조건과 생화학적 합성 가능성에 최적화된 결과물이라고 할 수 있습니다.

우선 이 염기들은 모두 질소를 포함한 방향족 고리 구조를 가지고 있어 수소 결합을 형성하기에 적합하며, 이는 DNA가 안정적인 이중나선 구조를 자발적으로 형성할 수 있게 해 줍니다. 이 수소 결합은 물속에서도 충분히 안정적이며, 동시에 복제와 전사 시에 필요한 가역성도 제공하여, 정보 안정성과 가공 용이성이라는 상반된 요구를 모두 만족시킵니다. 또한 이 네 염기들은 모두 생명체의 기본 구성 원소인 탄소(C), 수소(H), 질소(N), 산소(O), 인(P) 기반의 물질이며, 지구상의 초기 조건(적당한 온도, 중성 또는 약염기성 pH, 광범위한 물 존재) 하에서 상대적으로 합성이 용이하고 자발적인 농축이 가능했던 분자들입니다.

실제로 밀러-유리(Miller-Urey) 실험과 같은 초기 생명 기원 시뮬레이선에서도 이와 유사한 전구체들이 생성됨이 확인되었습니다. 무작위적 조합의 분자들 중에서 물리적 안정성, 수용성, 상보적 결합 능력, 효소 인식 가능성, 열역학적 합성 효율성이라는 조건을 모두 만족한 분자는 많지 않았습니다. 결과적으로 A, T, G, C의 네 염기는 '가능한 것들 중에서 가장 안정하고 재현 가능한 방식'으로 진화적 선택을 받은 것입니다.

즉, DNA의 4문자 체계는 단지 생물학적으로 효과적인 수준을 넘어서, 지구라는 특수한 환경 조건 하에서 물질 화학적으로 실현 가능하면서도 생명 정보 저장에 최적화된 해법이었던 것입니다. 이 선택은 수십억 년이 지난 지금도 변하지 않았고, 세균에서 인간에 이르기까지 모든 생명이 같은 4개의 분자 언어로 자신을 복제하고 있다는 사실은 그 구조가 단지 '우연히' 선택된 것이 아님을 증명합니다.

그 이상도 가능했을까?: 인공 생명체의 실험

생명체의 유전 정보는 오랫동안 4개의 염기로만 구성되어 있다고 여겨졌습니다. 하지만 최근 합성 생물학(synthetic biology)의 발전은 이 전통적인 4문자 체계를 넘어서는 '확장된 유전체 시스템'의 가능성을 실험적으로 입증하고 있습니다. 대표적인 사례는 미국 샌디에이고의 스크립스 연구소(Scripps Research Institute)에서 진행된 연구입니다. 이들은 2014년, 기존의 A-T, G-C 염기쌍 외에 X-Y라는 인공 염기쌍(Non-natural Base Pair: NBPs)을 DNA 분자에 삽입해서 그것이 실제로 세균(대장균)의 세포 내에서 복제 가능함을 세계 최초로 증명했습니다.

이 인공 염기쌍은 자연계에 존재하지 않는 분자 구조로, 전통적인 푸린-피리미딘 짝짓기 규칙을 따르지 않으며, 대신 수소 결합이 아닌 소수성 상호작용(hydrophobic interactions)이나 스택킹(force stacking) 같은 대체 결합 원리를 활용합니다. 이 6코드 DNA는 기술적으로는 복제가 가능했습니다. 하지만 이 시스템에는 중대한 한계와 제약이 존재했습니다.

- **복제 효율 저하:** 인공 염기는 기존의 DNA 중합효소(DNA polymerase)에 의해 인식 효율이 매우 낮거나 오류율이 높습니다. 즉, 효소가 이 낯선 염기를 잘못 해석하거나 아예 붙이지 못해, 복제 속도가 느려지고 정확한 합성이 떨어집니다.
- **불안정한 화학 구조:** X–Y 염기는 수소 결합 기반이 아닌 탓에, 이중 나선 구조 내에서의 위치 안정성(helical stability)이 떨어지고, 온도나 pH 변화에 민감하게 반응하여 쉽게 풀어지거나 손상될 수 있습니다.
- **세포 내 대사 시스템과의 충돌:** 자연계의 리보솜, 중합효소, DNA 수선 단백질, 뉴클레오타이드 합성 경로 등은 모두 A–T, G–C 기반에 최적화되어 있습니다. 인공 염기를 사용하려면 효소, 운반체, 에너지 시스템까지 전체를 재설계해야 하는 부담이 생깁니다.
- **자연선택에 의한 유지 가능성 미비:** 인공 유전자는 일반적인 돌연변이나 환경 자극에 취약하여 자연계에서 스스로 유지되거나 진화의 압력 속에서 장기적으로 생존하기 어려운 구조로 평가됩니다.

이러한 시도들은 생물학적으로 실용성을 갖기에는 아직 미흡하지만, 과학적으로는 매우 큰 의의를 가집니다: 즉 생명의 유전 시스템이 반드시 A, T, G, C만을 사용해야 한다는 절대적 법칙이 아니라는 것을 입증했으며, 유전 정보 저장이라는 기능을 수행할 수 있는 다양한 화학적 대안이 존재할 수 있음을 보여 주었습니다. 향후 생물학 기반 저장장치(DNA storage), 새로운 생체재료 개발, 차세대 백신 플랫폼 등에 활용 가능성 제시 합니다. 특히, 이는 외계 생명체 탐사 (Astrobiology)의 관점에서도 중요한 통찰을 제공합니다. 즉, 지구 생명의 4염기 체계가 '보편 법칙'이 아니라 환경이 허용한 수많은 가능성 중 하나였을 수 있다는 가설을 뒷받침합니다.

DNA 단순함 속에 최적을

"DNA는 왜 4개의 염기를 사용하는가?"라는 질문은 단순한 분자 수의 문제가 아닙니다. 이는 생명이 무엇을 우선시하며 진화해 왔는지를 물으며 생명 정보체계에 대한 근본적인 통찰을 요구합니다. DNA의 A, T, G, C 네 가지 염기는 정보 저장의 효율성, 복제와 전사의 정밀성, 화학적 안정성, 그리고 생화학적 실현 가능성 그리고 그와 함께 개체의 다양성과 진화를 보장할 수 있는 방법이라는 다섯 가지 축에서 가장 균형 잡힌 해법으로 자연에 의해 선택된 결과물입니다.

즉, 생명은 '이론상 가능한 것'이 아니라, '환경 안에서 실현 가능한 것 중 가장 안정적이고 진화 가능한 것'을 선택해 온 것입니다. 무한한 가능성 속에서도 자연은 가장 정밀하고, 단순하며, 복제 가능한 언어를 택했습니다. 그것이 바로 DNA의 네 글자입니다. 이 선택은 단지 과거의 우연이 아닙니다. 수십억 년에 걸쳐 수조 개의 세포가, 수천조 번 복제되며 오류를 거르고 생존해 온 결과입니다. 이 네 글자는 진화라는 알고리즘이 검증한, 생명을 위한 가장 효율적인 정보 해상도입니다.

"이보다 더 적으면 정보를 담지 못하고,
이보다 더 많으면 정보를 잃어버립니다.
생명은 그 사이, 가장 완벽한 해상도의 언어를 골라낸 것입니다."

왜 RNA는 T 대신 U를 쓸까

DNA와 RNA, 닮은 듯 다른 생명의 문자

　모든 생명체는 유전 정보를 저장하고 전달하기 위해 핵산(nucleic acid) 이라는 분자를 사용합니다. 그중에서 DNA(디옥시리보핵산)는 생명체의 설계도를 세대에 걸쳐 안정적으로 전달하는 장기 저장소이고, RNA(리보핵산)는 그 설계도를 일시적으로 해석하거나 가공하는 도구로 볼 수 있습니다. 그런데 이 두 분자는 모두 푸린(아데닌 A, 구아닌 G)과 피리미딘(사이토신 C) 염기를 공유하지만, 하나의 결정적인 차이가 있습니다. 바로 DNA는 티민(T)을 사용하고, RNA는 그 대신 우라실(U)을 사용한다는 점입니다. 이 작은 차이는 단지 화학 구조의 미묘한 변화가 아니라, 생명이 정보를 어떻게 다루고 유지할 것인지를 진화적으로 선택한 결과로 볼 수 있습니다.

티민과 우라실의 구조 차이

티민과 우라실은 기본적으로 매우 유사한 피리미딘 계열 염기입니다. 하지만 티민(T)은 우라실(U)에 메틸기(CH_3)가 추가된 형태로, 이 작은 메틸기 하나는 화학적으로는 사소해 보이지만, 염기쌍 형성의 안정성과 복제 정확성에 큰 차이를 보입니다. 메틸기는 수소 결합의 위치를 미세하게 조정하며, 염기의 산화나 탈아민화 같은 화학적 손상에 대한 저항성을 증가시킵니다. 따라서 DNA처럼 오랜 시간 보관되어야 하는 유전 정보에는 더 안정적인 티민이 적합합니다.

왜 DNA는 T를 택했을까?: 오류 감지와 복제 안정성

사이토신(C)은 자연적인 화학 반응인 탈아민화를 통해 쉽게 우라실(U)로 변합니다. 만약 DNA가 U를 정식 염기로 포함하고 있었다면, 돌연변이로 생긴 U와 정상적인 U를 구분할 방법이 없었을 것입니다. 하지만 DNA는 티민만을 염기로 사용함으로써 우라실이 생기면 그것이 반드시 손상된 사이토신의 산물임을 의미하게 됩니다.

이에 따라 DNA는 우라실-DNA 글리코시다아제(UDG)와 같은 수선 효소를 통해 정확하게 오류를 감지하고 복구할 수 있는 시스템을 갖추고 있습니다. 이처럼 T의 선택은 유전 정보의 보존 정확도와 직결되는 생존 전략이었던 것입니다. 결국 DNA의 티민 선택은 생명체가 스스로의 오류를 감지하고 복구할 수 있도록 설계된 진화의 탁월한 분자적 선택이었습니다.

RNA는 왜 굳이 T를 쓰지 않았을까

반면 RNA는 DNA와 달리 단기적인 역할을 수행합니다. mRNA는 단백질을 합성한 후 수 시간 이내에 분해되며, tRNA, rRNA 역시 일정 시간이 지나면 새로운 분자들로 교체됩니다. 이러한 일회성 사용을 전제로 하는 분자에 굳이 합성 비용이 높은 티민을 사용할 이유는 없을 것입니다. 우라실은 구조가 단순하고, 생합성 경로가 짧고, 에너지 소모도 적어, 결과적으로 RNA는 속도와 자원 효율을 우선한 분자로, 정밀한 복제보다는 신속한 전달과 조절을 중시하는 전략을 택한 것입니다. 따라서 RNA는 티민 대신 우라실을 사용함으로써 정보 흐름의 유연성과 생화학적 생산성을 극대화한 것입니다.

진화가 설계한 역할 분담: 정밀성과 효율의 양립

이처럼 DNA는 정확하고 오랫동안 유지되어야 하는 정보 저장소로, RNA는 빠르게 전파되고 쉽게 폐기될 수 있는 메시지 전달자로 서로 다른 기능을 수행해 왔습니다. 그 역할 차이에 맞춰 하나는 구조적으로 안정한 티민, 다른 하나는 대사적으로 효율적인 우라실을 선택했습니다. 이것은 생명이 정보의 보존과 전달이라는 두 목표를 어떻게 분자 수준에서 최적화해 왔는지를 보여 주는 진화의 결과물입니다.

RNA의 선택

티민(T)과 우라실(U)의 분자 구조상 차이는 단 하나의 메틸기입니다. 하지만 이 미세한 화학적 차이는 생명의 안정성과 진화 가능성을 동시에 확보하기 위한 정밀한 설계의 핵심이 됩니다. DNA가 우라실이 아닌 티민을 선택한 결정은 단지 구조적 안정성이나 우연의 산물이 아니라 자기 오류를 감지하고 복구하는 시스템을 자체 내에 구축하기 위한 진화의 전략적 판단이라 할 수 있습니다. 우라실은 RNA에서는 합리적인 선택입니다. RNA는 수명이 짧고, 지속적인 복제나 보존보다는 정보의 일시적 전달과 단백질 합성이라는 실행 중심의 기능을 수행하기 때문입니다.

하지만 DNA는 완전히 다른 조건을 요구합니다. 수천 세대를 넘어 전달되는 유전 정보는 절대적인 정확성과 복제의 신뢰성을 필요로 합니다. 이러한 생물학적 요구에 대해 DNA는 '우라실을 배제하고 티민을 선택함으로써' 자발적 화학 손상, 즉 사이토신의 탈아민화를 정확히 감지하고 즉각적으로 복구할 수 있는 메커니즘을 진화시킨 것입니다. 더 나아가 이 메틸기 차이는 후성유전학과도 밀접하게 연결됩니다. 5-메틸사이토신의 탈아민화로 인해 생긴 사이토신 → 티민 돌연변이는 암이나 노화와 같은 복잡한 생물학적 현상과도 관련이 깊습니다.

즉, 이 작은 화학적 변화는 단순한 정보 교체를 넘어 유전자 발현 조절, 표현형 다양성, 종의 분화에도 관여하는 생명의 핵심 스위치로 작동합니다. 결국 이 미세한 메틸기 하나의 존재는 분자 수준에서는 화학 반응의 수소 결합 안정성을 조절하고, 세포 수준에서는 유전자의 오류를 감시하며, 진화의 관점에서는 생명체 전체의 안정성과 다양성을 함께 끌어안는 고차원적 전략이 되었던 것입니다.

"DNA는 생명의 작곡가,
RNA는 그 악보를 세포 속에서 연주하는 즉흥 연주자입니다.
하나는 영원히 보존되고, 다른 하나는 순간을 살아 움직입니다."

유전자 위의 또 다른 유전자

유전자가 모든 것을 결정한다는 믿음

20세기 중반, DNA 이중나선 구조가 밝혀지고 유전자의 코드가 해독되었을 때, 과학자들은 생명의 비밀이 모두 풀린 듯한 흥분에 빠졌습니다. "모든 생명 현상은 DNA에 적혀 있다." 이것은 거의 종교처럼 받아들여진 생물학의 대명제였습니다. 그리고 실제로 유전자의 작동 방식은 놀라웠습니다. 염기서열의 배열에 따라 단백질이 정확히 만들어지고, 그 단백질이 세포를 구성하고, 생명체의 구조와 기능을 결정짓는 과정은 놀라울 만큼 정밀하고 물리 법칙처럼 보편적이었기 때문입니다. 그러나 어느 날 그 '법칙'이 의심되기 시작했습니다.

쌍둥이의 비밀: 동일한 유전자를 가진 이들이 다른 삶을 사는 이유

전 세계 수많은 연구자들이 일란성 쌍둥이에 주목하기 시작했습니다. 그들은 동일한 DNA정보를 갖고 있으면서도, 성격, 건강, 질병 위험, 심지어 외모의 일부까지 서로 달라지는 경우가 적지 않았습니다. 어떤 쌍둥이는 한쪽이 우울증이나 당뇨병을 앓는데, 다른 한쪽은 건강했고, 어떤 경우에는 한 사람만 특정 암에 걸리거나, 조기 노화가 나타나기도 했습니다. 이는 '유전자는 운명'이라는 생각에 균열을 내는 첫 단서였습니다. DNA 서열은 같았지만, 그 유전자가 어떻게 사용되느냐는 달랐던 것입니다.

후성유전학의 등장: 유전자의 스위치를 찾아서

바로 그때 등장한 개념이 후성유전학(epigenetics)입니다. '에피($epi-$)'는 그리스어로 '~위에'라는 뜻으로, 후성유전학은 유전자 위에 있는 또 하나의 조절 시스템을 의미합니다. DNA는 변하지 않지만, 그 유전자가 얼마나, 언제, 어떤 조건에서 발현될지를 결정하는 화학적 표지들이 있다는 것이 밝혀졌습니다. 그 대표적인 메커니즘으로 알려진 것들이 DNA 메틸화(DNA methylation), 히스톤 수정(histone modification), 비암호화 RNA(ncRNA)의 조절 역할입니다. 이러한 후성 표지는 마치 책의 특정 페이지를 접거나 강조 표시하는 것과 비슷합니다. 글자는 그대로지만 어떤 부분이 읽히고 어떤 부분이 강조되거나 생략될지를 결정짓는 정보의 우선순위 장치인 셈입니다.

생활 습관과 경험이 유전자의 표현을 바꾼다

가장 놀라운 발견은, 이 후성유전적 표지가 환경, 식습관, 스트레스, 운동, 수면, 심지어 사회적 관계와 같은 생활습관(life style)과 학습 그리고 경험에 따라 변한다는 사실이었습니다. 즉, 우리는 단지 유전자를 '물려받는' 것에 그치지 않고, 삶을 살아가면서 유전자의 사용법을 '쓰고 다시 쓸 수 있는 존재' 라는 것입니다. 더 나아가, 이 후성 변화는 생식세포를 통해 자손에게까지 전해질 수 있음이 밝혀졌습니다. 이는 '당신의 삶이 다음 세대의 유전자 사용법에 영향을 줄 수 있다.'는 뜻이기도 합니다. 실제 예시로 네덜란드 기근기(1944~1945) 동안 태아기에 영양 부족을 겪은 아이들은 성인이 되어 비만, 당뇨병, 심혈관 질환에 더 취약하다는 연구가 대표적입니다. 이 현상은 DNA 서열이 아닌 후성유전적 메틸화 변화로 설명됩니다.

유전자만으로 설명할 수 없었던 수수께끼

후성유전학은 그간 풀리지 않았던 수많은 수수께끼를 풀 열쇠가 되었습니다. 왜 어떤 암은 가족력이 없음에도 발생하는가? 왜 일부 스트레스는 세대를 넘어서 영향을 미치는가? 왜 노화 속도는 사람마다 다르고, 예측 가능한가? 이제 우리는 유전체뿐 아니라, 후성유전체(epigenome)를 함께 보아야 진짜 '나'를 이해할 수 있는 시대에 들어섰습니다.

유전자는 글자, 후성유전학은 문법

유전자는 생명의 문장입니다. 그 염기서열 속에는 단백질을 만들기 위한 구체적인 지시서가 존재하고, 그 지시서는 세포와 생물체의 형태,

기능, 가능성을 결정하는 기본 틀이 됩니다. 하지만 그 문장이 실제로 어떻게 읽히는가, 어떤 단어는 강조되고 어떤 문장은 생략되며, 어느 구절에 쉼표가 찍히고, 어느 부분이 괄호 처리되는지는 전적으로 후성유전학이라는 '문법 체계'에 의해 결정됩니다.

같은 유전자를 가진 일란성 쌍둥이가 서로 다른 삶을 살고, 유전자가 존재하지만 발현되지 않아 질병 없이 살아가는 사람도 있으며, 환경과 경험, 식습관, 감정, 심지어 사회적 지위에 따라 유전자 발현이 달라지는 현상은 모두 이 문법의 결과입니다.

오늘날 후성유전학은 단순한 유전자 조절 메커니즘을 넘어서 암, 노화, 정신질환, 면역질환 등 거의 모든 생명 현상을 이해하는 데 있어 제2의 유전체 혁명으로 여겨지고 있습니다. 이제 인간은 유전자대로 사는 존재가 아니라 유전자 위에 새겨진 후성유전적 코드를 인식하고, 관리하고, 나아가 그 흐름을 바꾸는 존재로 진화하고 있습니다.

실제로 후성유전학은 개인 맞춤 의학, 식이 처방, 정신건강 치료, 노화 예측과 생명 연장 전략의 핵심 기술이 되어가고 있습니다. 생명은 이제 더 이상 고정된 운명이 아닙니다. 그것은 읽히는 방식에 따라 다르게 펼쳐지는 스토리이며, 우리는 그 이야기의 일부를 스스로 다시 쓸 수 있는 가능성을 가진 존재입니다.

"유전자는 당신을 정의하지 않습니다.
당신의 삶이 유전자의 사용 방식을 결정할 수 있습니다."

DNA 지휘자: 후성유전학

후성유전학이란

후성유전학(epigenetics)은 유전자의 코드 위에서 작용하는 조절 메커니즘을 통틀어 가리키는 개념입니다. 이 학문은 유전자 자체 (DNA 염기서열)를 변경하지 않으면서도, 유전자가 어떻게, 언제, 얼마나 작동할지를 결정짓는 모든 분자적 조절 현상을 연구합니다.

유전자가 단백질을 만들기 위한 청사진이라면, 후성유전학은 그 청사진의 해석과 실행을 제어하는 편집자이자 감독입니다. 이러한 후성유전적 조절은 세포의 기능을 조정하고, 동일한 유전자를 가진 세포들이 전혀 다른 역할(예: 간세포 vs 신경세포)을 하게 하는 이유이기도 합니다. 예를 들어, 우리 몸의 모든 세포는 동일한 유전 정보를 가지고 있습니다. 하지만 간세포는 해독 작용을 수행하고, 심장세포는 수축하며, 신경세포는 전기 신호를 전달합니다. 이 차이는 어떤 유전자가 켜지고 꺼지는가, 즉 '발현 여부'를 조절하는 후성유전적 정보에 의해 결정됩니다.

놀라운 점은 이 후성유전적 변화들이 개인 생활습관이나 환경 요인(식이, 스트레스, 수면, 독소 노출 등)에 의해 유도될 수 있으며, 일부는 세포 분열을 거쳐 후세에까지 전달될 수 있다는 사실입니다. 이는 전통적인 유전학의 '염기서열 중심' 사고방식을 넘어, 유전 정보의 발현이라는 동적이고 환경 반응적인 측면을 강조하는 현대 생물학의 핵심 패러다임 전환이라 할 수 있습니다. 결국 후성유전학은 우리가 단순히 유전자에 의해 '규정되는 존재'가 아니라, 우리의 선택과 환경이 유전자의 운명을 다시 쓰도록 돕는 존재임을 알려 줍니다. 이 학문은 암, 당뇨, 신경퇴행성 질환, 노화 등의 분야는 물론, 미래의 정밀의학, 정신건강, 그리고 맞춤형 건강 관리까지 광범위하게 응용되고 있으며, "유전자는 운명이 아니다."라는 새로운 생물학적 명제를 세우고 있습니다.

유전자와 후성유전자의 차이

항목	유전자(genetics)	후성유전(epigenetics)
구조	DNA 염기서열 그 자체	DNA에 작용하는 후천적 화학적 변형
작용 방식	단백질을 생성하기 위한 코드를 직접 포함	유전자가 활성화/억제되는 방식에 영향을 줌
영속성	대개 변하지 않음 (돌연변이 제외)	일시적일 수 있으나, 일부는 세포 분열, 후대까지 유지됨
예시	생물학적혈액형, 유전 질환, 키 성장 관련 유전자 반응	스트레스에 의해 꺼지는 면역 유전자, 암세포에서 비정상적으로 꺼진 유전자 등

후성유전 조절의 대표적인 메커니즘

이러한 후성유전적 조절은 크게 다음과 같은 주요 메커니즘을 통해 이루어집니다.

- **DNA 메틸화(DNA methylation)**: 특정 염기(CpG site)에 메틸기(CH_3)가 부착되면 유전자 발현이 억제되는 경향이 있습니다. 이는 마치 설계도에 검은 펜으로 줄을 그어 해당 부분을 읽지 못하게 하는 것과 유사합니다.
- **히스톤 단백질 변형(Histone modification)**: DNA는 히스톤이라는 단백질에 감겨 저장되어 있습니다. 이 히스톤에 아세틸기나 메틸기 등의 화학적 표지가 가해지면, DNA의 구조가 열리고 닫히는 방식이 바뀌어 유전자 발현이 촉진되거나 억제됩니다.
- **비암호화 RNA(non-coding RNA)**: 단백질을 직접 만들지는 않지만, 다른 유전자들의 발현을 제어하는 다양한 RNA들이 존재합니다. 대표적으로 miRNA, lncRNA 등이 있으며, 특정 유전자의 침묵(silencing) 또는 발현에도 기여합니다.

후성유전 정보는 세대를 넘어 전달될 수 있다

전통적인 유전학은 유전 정보의 세대 간 전달을 DNA 염기서열의 유전으로 설명합니다. 하지만 최근 연구들은 DNA 염기서열은 그대로 유지되더라도, 그 유전자가 어떻게 켜지고 꺼지는지에 대한 후성유전적 조절 정보 또한 유전될 수 있음을 보여 주고 있습니다. 이를 후성유전적 유전(epigenetic inheritance)이라 하며, 생물학적으로는 생식세포(정자, 난자)에 존재하는 후성 마커가 수정란으로 전달되고, 자손에게 전달되어 생리 및 행동 특성에 영향을 줄 수 있음을 의미합니다.

- **사례 1 네덜란드 기근기 연구:** 1944년 겨울, 나치에 의해 식량 공급이 차단되며 네덜란드에 극심한 기근이 발생. 당시 임신 중이던 여성들은 하루 400~800칼로리 정도의 열량만을 섭취했습니다. 기근기 동안 자궁 내에 있었던 태아들은 성인이 된 후 비만, 심혈관 질환, 제2형 당뇨, 정신질환(우울증, 조현병)의 발병률이 증가했습니다. 특히 이들은 IGF2(Insulin-like Growth Factor 2) 유전자에서 정상보다 낮은 메틸화 수준을 보였으며, 이는 대사질환과 관련 있는 생리적 경로에 영향을 주었습니다. 주목할 점은 이 후성유전적 변화는 그들 자녀 세대(2세대)에게도 부분적으로 유지되며 유사한 질환 감수성을 보인다는 것입니다.
- **사례 2 아버지의 생활습관이 자식에게 미치는 영향:** 최근의 생식세포 후성유전 연구에서는 정자의 DNA 메틸화 패턴이 아버지의 환경, 스트레스, 영양 상태에 따라 변화한다는 것이 밝혀졌습니다. 예를 들어, 과도한 음주를 한 남성의 정자에서는 BDNF(Brain-derived neurotrophic factor) 유전자의 메틸화가 증가했고, 이 유전자의 억제가 자녀 세대에서 인지기능 저하나 불안 행동과 연관되어 나타났습니다. 흡연, 고지방식, 비만 상태 또한 정자 내 miRNA 구성과 히스톤 변형에 영향을 주어, 자식의 체중 증가, 인슐린 저항성, 간대사 이상 등을 유도한다는 동물 실험도 있습니다.
- **사례 3 생쥐 모델에서의 후성유전:** 대표적으로 '아구티(agouti) 생쥐

모델'이 있습니다. 유전자 자체는 동일하지만, 산모의 식이에 포함된 메틸기 공급 영양소(엽산, 비타민 B12, 콜린 등)가 많을 경우 자식 생쥐는 갈색 털과 정상 체중을 갖습니다. 반대로 메틸기가 부족하면 노란 털과 비만, 당뇨 경향이 나타납니다. 이는 산모의 식단이 후성유전 조절을 통해 자식의 표현형을 바꾼 명확한 예로, 유전자가 같아도 환경이 표현형을 결정짓는 증거입니다.

이러한 현상은 후성유전 정보가 단기적인 환경 반응일 뿐 아니라, 장기적 생리학적 변화와 질병 위험에까지 영향을 줄 수 있음을 보여 줍니다. 그리고 일부 정보는 생식세포에 전달되어 세대를 넘어 '경험의 흔적'이 유전될 수 있다는 가능성을 제기합니다. 이는 단순히 유전자 염기서열의 변화로는 설명되지 않는 현상들을 이해하는 데 핵심적인 이론적 기반을 제공하며, 현대 유전학, 생식의학, 정신건강의학, 영양학, 공중보건 등 다양한 분야에서 활발히 연구되고 있습니다.

후성유전학이 중요한 이유

암은 DNA 돌연변이 외에도 비정상적인 후성유전 조절이 발병 원인입니다. 예를 들어, BRCA1 유전자가 유전적 결함 없이 후성유전적 작용에 의해 발현이 꺼지면 유방암 위험이 크게 증가하는 것이 알려졌습니다. 사람은 나이가 들수록 DNA 메틸화 패턴이 변화합니다. 이를 기반으로 생물학적 나이 측정(aging clock)이 가능해졌습니다. 또한 개인 맞춤 의학(precision medicine)에서 후성유전 정보에 기반한 질병 예방, 식이요법, 약물 반응 예측이 가능하다는 것이 알려졌으며 어떤 약물은 유전자 자체가 아니라, 후성유전 패턴에 따라 효과가 달라질 수 있음이 보고되었습니다.

후성유전학은 '가능성의 유전자'를 여는 열쇠

우리는 모두 부모로부터 각각 절반씩 유전 정보를 물려받아 태어납니다. 이 DNA 염기서열은 마치 정해진 글자가 적힌 책, 혹은 고정된 악보와 같습니다. 하지만 그 책이 어떻게 읽히고, 그 악보가 어떻게 연주될지는 전적으로 후성유전적 조절(epigenetic regulation)에 달려 있습니다.

이른바 '가능성의 유전자(potential gene)'란 어떤 조건에서만 발현되는 유전자를 말합니다. 후성유전학은 그 유전자의 발현 여부를 결정하는 스위치이자 필터 역할을 하며, 환경 신호에 따라 그 스위치를 켜거나 끄는 분자적 조절 시스템입니다. 비유하면 DNA란 모든 페이지가 미리 쓰여 있는 책이라 할 수 있습니다. 하지만 어떤 챕터는 강조(형광펜 표시)되거나 어떤 문장은 지워지거나 덮여 읽히지 않게 되기도 합니다. 어떤 장은 아예 열리지 않을 수도 있고, 반대로 잠자던 페이지가 어느 순간 펼쳐질 수도 있습니다. 이것이 바로 후성유전의 힘입니다. 즉, 염기서열이 같아도 발현 양상은 완전히 다를 수 있으며, 그 결과 건강, 행동, 질병, 심지어 노화 속도까지도 달라질 수 있습니다. 같은 유전자를 가진 일란성 쌍둥이도 후성유전적 프로파일은 다릅니다. 출생 직후에는 거의 동일하지만 시간이 지날수록 식습관, 스트레스, 감정 경험, 질병 등 환경 요인에 의해 DNA 메틸화 패턴과 히스톤 변형이 달라지고, 이는 질병 취약성, 면역 반응, 감정 조절 능력 등에서 차이를 불러올 수 있습니다.

암 유전자도 켜져 있느냐 꺼져 있느냐가 생사를 가릅니다. 종양억제 유전자가 DNA 메틸화로 침묵되면 유전자가 있으면서도 기능을 못하고, 반대로 세포분열 유전자가 과도하게 발현되면 암세포가 됩니다. 유전자가 중요한 게 아니라 그 유전자의 '상태'가 결정적입니다. 노화 속도도 유전자보다는 후성유전의 축적 패턴에 따라 달라집니다. 최근 생물학적 나이 측정 기술(EpiClock, Horvath Clock 등)은 유전자 자체보다 DNA 메틸화의 시간 축적 패턴을 통해 나이와 건강 상태를 예측합니다. 즉, 후성유전적 변화는 시간에 따라 누적되고, 이것이 질병의 발병 시기나 노화 진행 속도까지 영향을 줍니다.

후성유전학: 유전자의 지휘자

우리는 누구나 태어날 때 DNA라는 악보를 받고 세상에 나옵니다. 그 악보는 우리가 어떤 목소리를 가졌는지, 어떤 리듬으로 걷는지, 어떤 가능성을 지녔는지를 말해 줍니다. 그러나 같은 악보를 가지고 있다 해도, 어떤 지휘자가 어떤 해석으로 연주하느냐에 따라 전혀 다른 음악이 완성됩니다. 이것이 바로 후성유전학의 본질입니다. DNA는 바뀌지 않지만, 그 위에서 어떤 유전자가 켜지고 꺼지는지는 바로 당신의 선택, 당신의 환경, 당신의 사고방식과 감정에 따라 달라질 수 있습니다.

과학은 우리에게 이 놀라운 가능성을 증명해 주었습니다 우리는 단지 유전자의 결과물이 아니라, 그 유전자를 해석하고, 조율하고, 새로운 인생을 작곡할 수 있는 존재라는 것을. 당신은 자신의 유전자라는 단원을 이끄는 지휘자이며, 인생이라는 무대를 설계하는 예술가이자 기획자입니다. 당신이 어떤 삶을 선택하느냐에 따라 같은 유전자를 지닌 사람도 전혀 다른 인생을 살아갈 수 있습니다. 절망과 무력감의 음악이 아니라 희망과 창조의 교향곡을 써 내려갈 수 있는 것은 오직 당신의 의지와 선택에 달려 있습니다. 이제 당신은 묻어 둔 유전자의 가능성을 깨우는 마에스트로입니다. 과거에 어떤 유전적 조건을 안고 태어났든, 그 위에 어떤 삶을 연주할지는 당신만이 정할 수 있습니다.

"후성유전학은 유전자의 악보를 바꾸지 않지만,
언제 어떻게 연주할지를 결정하는 보이지 않는 지휘자입니다.
같은 곡도 손짓 하나에 따라 전혀 다른 생명이 탄생하니까요."

DNA 저주의 축복:
완벽하지 않기에 생존할 수 있었다

유전자의 고백: 불완전함으로 영원을 추구

생명체는 DNA라는 정밀한 분자를 통해 유전 정보를 저장하고, 그것을 복제하며 살아간다는 것을 알고 있습니다. 그러나 DNA는 가끔 실수를 하며 아주 드물지만 때때로 피할 수 없는 치명적인 질병을 불러오고 생명을 앗아 가기도 하며, 큰 고통을 남기는 경우도 있습니다.

그런데도 자연은 진화의 과정에서 이 오류를 철저히 제거하지 않았습니다. 오히려 이 작은 실수들은 생명의 다양성을 낳고, 인류의 생존 가능성을 넓히는 진화의 씨앗이 된 것입니다. 정보의 복제 시스템이 완벽하지 않았기에 생명은 적응하고 살아남고 진화할 수 있었던 것입니다. 만약 우리가 완벽한 정보와 복제 시스템을 가지고 있었다면 우리 인간은 지금 지구상에 존재하지 않고 오래전에 다른 인류와 함께 멸종하거나 사라졌을 것입니다. 이것이 바로 '저주의 축복'입니다.

DNA 복제의 정밀함과 오류의 허용

DNA 복제 시스템은 놀라운 정확도를 보입니다. 인간 유전체 30억 개 염기를 복제할 때 오류는 약 1억 개당 1개 정도 입니다. 이는 DNA 중합효소의 교정 기능(proofreading)과 수선 메커니즘(repair system) 덕분입니다. 그럼에도 모든 오류가 제거되지는 않습니다. 드물지만 의미 있는 돌연변이 일부는 생식세포(germline)를 통해 자손에게 전달됩니다. 그 결과 일부는 유전질환으로 나타나 개체의 삶을 위협하고, 극히 일부는 유리한 적응 형질로 남아 후손에 전달되고 진화의 방향을 바꿉니다.

개체의 비극 vs 종의 진화: 자연선택의 역설

돌연변이는 개인에게는 비극이며 저주일 수 있습니다. 유전질환은 삶의 질을 떨어뜨리고, 생존 가능성을 떨어트립니다. 그러나 자연선택은 각각의 개체보다는 종 전체의 생존을 최우선으로 고려하는 메커니즘입니다. 진화란 본질적으로 끊임없는 시도와 오류의 실험입니다. 다양한 변이가 존재해야만 예기치 못한 환경 변화 속에서 '살아남을 누군가'가 존재할 수 있는 것입니다. 이러한 다양성은 집단 전체의 적응력과 종의 생존 가능성을 높입니다. 결국 일부 개체의 유전적 희생은 유전자의 생존 전략이자 종의 보전을 위한 진화적 보험인 셈입니다.

만약 DNA가 완벽하다면

이제 상상해 봅시다. 만약 DNA 복제가 완벽해서 단 하나의 오류도 없이 세대를 이어 왔다면 어떨까요? 아마 인류는 모두 유전적으로 유사한 복제품처럼 존재했을 것입니다. 결과적으로 새로운 질병, 기후 변화, 전염병, 식량 위기와 같은 외부 충격에 적응하지 못하고, 지구상에서 이미 멸종했을 것입니다. 진화는 정지된 완벽함이 아니라 끊임없는 불완전함 속에서 적응을 찾아가는 긴 여정인 것입니다.

질병 혹은 적응: 유전자의 이중성

우리가 오늘날 '질환'이라 부르는 유전 변이 중 일부는, 과거 환경에서는 오히려 생존의 열쇠였습니다. 그 대표적인 예가 바로 겸상적혈구빈혈(sickle cell anemia)입니다. 이 질환은 HBB 유전자의 단일 염기 변이에 의해 발생하지만, 이형접합자(heterozygote)에서는 말라리아 감염의 내성을 제공합니다. 따라서 말라리아가 만연한 아프리카 지역에서는 이 돌연변이가 자연선택에 의해 유지되었으며 생존에 유리한 조건을 만들었습니다. 또 다른 예는 CFTR 유전자와 콜레라에 대한 저항성입니다. 낭포성 섬유증(CF)은 폐와 장기의 기능을 저하시키는 질환이지만, 이형접합자의 경우 염소 이온의 재흡수 조절 능력이 콜레라 감염 시 탈수를 줄이는 방향으로 작용할 수 있습니다. 이는 과거 감염병이 인류 생존에 큰 위협을 끼치던 시대에 오히려 생존 가능성을 높일 수 있도록 도와주었습니다.

신경발달장애에 대한 진화적 재해석

최근 주목받고 있는 ADHD(주의력결핍 과잉행동장애)와 자폐 스펙트럼장애(ASD)도, 단지 질병이 아니라 과거 환경에서 선택된 특성일 수 있습니다. ADHD의 특성인 민첩한 주의력 산만, 과민 반응, 단기적 판단은 포식자와 위험이 존재하던 환경에서 유리한 생존 전략이었습니다. ASD적 특성인 반복 행동, 높은 집중력, 패턴 인식 능력은 도구 제작, 수학적 사고, 집단 내 전문 역할에 적합할 수 있습니다. 오늘날의 사회 구조에서 이들은 '장애'로 분류되지만, 이것은 지금의 환경과 생존의 요구조건이 바뀐 탓이며 자연은 이들을 선택지 중 하나로 간주했을지도 모릅니다.

'이기적 유전자'의 시선에서 본 고통의 가치

리처드 도킨스는 『이기적 유전자』에서 다음과 같이 주장합니다. "개체는 유전자의 전달 수단일 뿐이며, 유전자는 자기 복제를 위해 변이를 허용한다. 그 돌연변이는 가끔 실패하고, 가끔 성공한다. 그리고 성공한 유전자는 다음 세대로 살아남는다. 이 관점에서 보면, 개인의 고통과 희생은 유전자의 장기 전략의 일부다."

> "진화는 개체의 생존을 위한 것이 아니라
> 유전자의 생존을 위한 전략이다."

불완전한 생명, 그러나 위대한 생존

현재까지 학계에 보고된 유전질환은 약 1만 종에 이르며 유전체 해독과 분석기술의 발달로 그 수는 더욱 늘어날 것으로 보입니다. 이들 중 상당수는 고통, 장애, 단축된 수명, 심지어 생존 자체의 위협으로 이어집니다. 이는 개별 생명에는 분명히 비극적인 일입니다. 하지만 이 수많은 유전적 결함의 이면에는 생명이 선택해 온 더 깊은 전략, 곧 진화의 원리가 숨어 있습니다.

DNA는 자기 자신을 복제하는 분자이지만 완벽하지 않습니다. 세포분열 과정에서 드물게 발생하는 복제 오류, 환경으로부터 유입되는 손상, 그리고 그것이 완전히 복구되지 못한 채 세대를 넘어 전달되는 돌연변이들은 때로는 질병을 일으키거나 심각한 장애를 발생시킵니다. 그러나 이 '실수'들은 모두 제거되어야 할 불량품이 아닙니다. 이는 생명 시스템의 창조적 위험 관리 전략으로 볼 수 있습니다. 왜냐하면 완전함은 정체이며, 정체는 결국 종의 멸종으로 이어지기 때문입니다.

진화는 정보의 다양성 속에서 생존 가능성을 찾는 실험의 연속입니다. 유전적 변이가 없었다면 지구상의 모든 생명체는 동일한 형질을 가진 단조로운 존재로 남았을 것입니다. 또한 예상치 못한 환경 변화나 병원체, 기후 재앙 앞에서 속수무책으로 쓰러졌을지 모릅니다. 완벽한 유전 정보는 환경의 변화에 취약한 유전 정보이기 때문입니다.

반면, 유전적 변이는 비록 그중 상당수가 실패와 고통을 초래할지라도 종 전체의 미래에 대한 보험이며 안전장치인 것입니다. 특정 유전질환의 예에서도 볼 수 있듯이, 오늘날 우리에게 '질병'처럼 보이는 변이들이 과거에는 생존의 열쇠였던 적도 많았습니다. 결국 유전자 변이의 '질병성'은 절대적인 개념이 아닌 것입니다. 시간, 공간, 환경, 사회 구조라는 다차원적 맥락 속에서만 의미가 결정될 수 있습니다. 현대 의학이 개별 돌연변이를 고치고자 한다면 진화는 그 변이를 통해 새로운 가능성을 탐색합니다.

  그러므로 우리는 고통과 다양성 사이의 이율배반적 진실을 직시해야 합니다. 개체의 비극이 종을 구원하고 유전자의 실수가 인류의 생존을 이끌었던 것입니다. 불완전한 복제 메커니즘은 생명의 가장 위대한 발명 중 하나였으며, 인간은 그 불완전함 위에 문명을 세우고 번성할 수 있었던 것입니다. 우리가 '저주'라고 부르는 수많은 유전적 결함들은 어쩌면 자연이 자기복제를 넘어서 생존 가능성을 확장하기 위해 스스로 선택한 축복의 또 다른 얼굴일 수 있습니다.

"DNA는 말한다.
나는 불완전함 속에서 영원을 추구한다."

잠자는 유전자

유전자의 휴면 상태

인간의 유전체에는 약 2만 개 정도의 단백질 코딩 유전자가 존재합니다. 그런데 놀라운 사실은 우리 전체 유전체의 98% 이상이 단백질을 만들지 않는다는 것입니다. 이 거대한 비암호화(non-coding) 영역 안에는 지금은 아무 일도 하지 않는, 이른바 '잠자는 유전자'들이 숨어 있습니다. 도대체 이 유전자들은 왜 존재할까요? 우리는 이들을 버려진 '유전적 쓰레기(junk DNA)'로 치부해 왔지만, 현대 유전체학은 그들을 과거 진화의 흔적이자, 미래의 가능성으로 다시 보기 시작했습니다.

인간 유전체 구성 요소 및 기능

구성요소	비율(%)	잠정적 기능 및 역할
단백질 코딩 유전자 (exon)	1.5	단백질을 직접 생성하는 유전자 부위로, 세포 기능과 구조를 담당
인트론 (intron)	26	전사된 후 제거되는 영역이지만, 유전자 발현 조절 및 대체 스플라이싱에 관여
조절 서열 (promoters, enhancers)	2	유전자의 켜짐/꺼짐을 조절하며, 세포 유형별 특이적 발현을 유도
유사유전 (pseudogenes)	1.2	기능을 상실했지만 과거 유전자의 흔적으로, 진화적 유래 및 조절 역할 가능성 있음
반복 서열 (repetitive elements)	50	게놈 안정성 유지, 구조 형성 또는 조절 요소로 작용할 수 있는 반복 서열
모바일 유전 요소 (transposons, lines, sines 등)	15	이동성과 복제를 통해 유전체 다양성, 돌연변이 및 진화에 기여
기타 비암호화 영역	4.3	기능이 완전히 밝혀지지 않았으나, 후성적 조절 또는 유전체 구조 유지에 관여 가능

유사유전자: 과거의 유전적 유물

우리 유전체에는 단백질 합성을 더 이상 하지 않지만, 본래 유전자의 흔적을 가진 DNA가 다수 존재합니다. 이들은 보통 유사유전자(pseudogenes)라 불리며 다음과 같은 이유로 비활성화됩니다. 이들은 불필요해진 기능으로 도퇴(예: 인간의 후각 수용체 일부), 돌연변이로 인한 기능 상실, 진화 도중 다른 유전자로 대체되기도 합니다. 예컨대, 사람은 비타민C를 스스로 합성할 수 없습니다. 그 이유는 GULO 유전자가 인간 유전체 내에서 유사유전자로 '잠자고' 있기 때문입니다. 즉 우리의 조상은 스스로 비타민C를 만들 수 있었지만, 지금은 과일과 같은 음식을 통해 얻을 수 있게 되며 그 합성 기능이 퇴화한 것입니다.

'조용한 유전자'는 진화의 타임캡슐일까

잠자는 유전자는 때때로 특정 환경 변화나 스트레스 조건에서 일부 재활성화되기도 합니다. 예를 들어, 고온, 산소 결핍, 바이러스 감염과 같은 극한 상황에서 과거에 기능을 잃은 유전자가 임시로 다시 발현되는 현상이 관찰되기도 합니다. 이는 유전체가 단지 진화적으로 예측 불가능한 상황을 대비한 '백업'으로 다양한 환경에서 생존을 위한 시스템을 갖고 있다고 해석될 수 있습니다.

침묵 속의 영향력: 비암호화 RNA의 반란

단백질을 만들지 않더라도, 일부 '잠자는 유전자'들은 기능적 RNA를 만들어 내 다른 유전자 발현을 조절하는 역할을 하기도 합니다. lncRNA(long non-coding RNA), miRNA(microRNA), eRNA(enhancer RNA) 등은 RNA의 전사(transcription)를 조절하거나, 발현 유전자의 스위치를 켜거나 끄며, 특정 세포 분화, 암 발생, 신경 발달 등과 밀접한 관련이 있음이 밝혀지고 있습니다. 즉, 겉으로 보기에는 침묵하고 있는 이 유전자들이 유전체 전체의 균형과 리듬을 조율하는 마에스트로일 수 있습니다.

인공적으로 '잠든 유전자'를 깨우는 기술

현대 유전공학은 단지 DNA의 염기서열을 읽는 것을 넘어 유전자 스위치를 직접 조작하고, 침묵하던 유전자를 다시 활성화하거나 억제하는 기술들을 정교하게 개발하고 있습니다. 대표적으로는 CRISPR-Cas9 시스템, 에피제네틱 약물(epidrugs), RNA 간섭 기술(RNAi) 등이 있습니다. CRISPRa(CRISPR activation)는 DNA를 자르지 않고 특정 유전자의 프로모터(promoter) 부위에 활성 인자를 부착하여 기능을 잃은 유전자(pseudogene)를 조건부로 다시 발현시키는 기술입니다. 예를 들어, 신경세포 재생과 관련된 REST 유사유전자를 다시 활성화해 신경 퇴행성 질환 회복 가능성을 탐색하는 연구가 진행 중입니다.

에피제네틱 약물은 DNA 메틸화 제거 효소 억제제(예: Azacitidine)나 히스톤 탈아세틸화 억제제(HDACi)를 이용해 후성유전적으로 억제된 유전자의 발현을 회복할 수 있습니다. 예를 들어, BRCA1 유전자가 후성유전적으로 억제된 암에서는 HDACi를 활용해 종양억제 유전자의 발현을 복원하는 치료법이 시도됩니다. RNA 기반 치료제의 경우 비암호화 RNA, 특히 miRNA나 lncRNA는 '잠든 유전자'의 표현 조절자이기도 합니다.

특정 lncRNA를 억제하거나 강화함으로써 암세포에서 억제된 면역 관련 유전자의 발현을 유도하는 전략도 임상에서 연구되고 있습니다. 그 예로서 특정 lncRNA는 HOTAIR의 억제를 통해 유방암 전이를 막는 시도를 하고 있습니다. 이러한 기술들은 단순히 기존 유전자의 결함을 보완하는 것을 넘어서 과거에는 '기능을 잃었다.'고 간주되었던 유전자들이 새로운 생물학적 기능을 회복하거나 예상치 못한 치료적 가능성을 제공할 수 있음을 보여 줍니다.

유전체의 침묵은 무의미한 것이 아니다

한때 우리는 침묵하는 유전체의 대부분을 '정크 DNA(junk DNA)'라

불렀습니다. 단백질을 만들지 않고, 기능이 알려지지 않으며, 겉보기에 조용히 침묵하고 있는 이 영역은 오랫동안 생물학적 실수나 진화의 잔재로 간주되었습니다. 그러나 이제 우리는 그 침묵 속에 숨어 있는 진화의 기록과 생명의 전략을 하나씩 알아가기 시작했습니다. '잠자는 유전자(pseudogene)', '인트론(intron)', '비암호화 RNA', '조절 서열' 등은 단지 기능을 잃은 퇴화의 산물이 아닙니다. 이들은 환경 변화나 생리적 자극, 세포 분화와 같은 맥락에서 조건부로 재활성화됩니다. 그러면서 때로는 새로운 유전자 기능을 위한 원재료로 작용하거나 정상 유전자의 발현을 조절하는 후성유전적 지휘자(epigenetic conductor)로도 기능합니다.

특히 현대의 유전체학과 생명정보학, CRISPR 같은 정밀 편집 기술, 그리고 후성유전체 분석 플랫폼의 발전은 이 '침묵의 유전자들'을 깨워서 조율하고 재구성하는 시대를 열고 있습니다. 우리는 이제 그들의 침묵을 무기력함이 아닌 준비된 가능성의 언어로 이해해야 합니다. 그 유전자들은 진화가 선택한 예비 설계도이며, 환경의 변화, 기술의 개입, 혹은 예측할 수 없는 생물학적 계기에 따라 다시 활성화될 수 있는 생명 시스템의 일환입니다. 유전체의 침묵은 무의미한 것이 아니라 진화의 설계자들이 미리 써 놓은 여백이며, 그 여백은 오늘날 우리가 해독해내야 할 다음 생명의 문장일지도 모릅니다.

"마치 쓰지 않는 장비를 창고에 보관하듯,
유전체는 과거의 유전자들을 타임캡슐처럼 간직하고 있는 셈입니다."

내 안의 이방인: 미토콘드리아

세포 속 발전소

우리의 몸은 수십 조 개의 세포로 이루어져 있고, 그 각각의 세포는 에너지를 만드는 작은 발전소를 갖고 있습니다. 바로 미토콘드리아(mitochondria)입니다. 미토콘드리아는 당신이 숨 쉬고 생각하고 걸을 수 있도록 하는 ATP(아데노신 삼인산)라는 고에너지 연료를 제조하는 생화학 공장입니다.

우리가 먹는 음식과 들이마시는 산소는 이곳에서 정교하게 처리되어, 모든 생명 활동의 에너지로 변환됩니다. 실제로 인간이 하루에 생산하는 ATP의 총량은 자신의 체중과 맞먹을 정도로 엄청납니다. 게다가 미토콘드리아는 단순한 에너지 공장에 그치지 않습니다. 세포 사멸 조절, 칼슘 농도 조절, 대사 조율, 심지어 세포 노화나 면역 반응의 방향까지 조율하는 생명 유지의 핵심 기관입니다. 그런데 이 중요한 미토콘드리아가 사실 인간의 일부가 아니라 한때는 '완전히 독립적인 생명체'였다는 사실을 알고 계신가요?

미토콘드리아의 기능

기능	설명
ATP 생산	포도당과 지방산 등을 산화해 세포에 필요한 에너지를 생성
세포 사멸 조절	필요할 경우 세포자멸사(apoptosis)를 유도하여 이상 세포 제거
칼슘 이온 저장	세포 내 칼슘 이온 농도를 조절해 신경전달과 근육 수축에 관여
대사 조절	지방산 산화, 아미노산 대사 등 다양한 생화학 경로에 관여
산화 스트레스 조절	활성산소(ROS) 생성과 제거를 조절하며, 세포 노화 및 질병과 연관

과거에는 박테리아였다: 세포 속에 들어온 외부 생명체

오늘날 미토콘드리아는 인간 세포 안에 자연스럽게 녹아들어 있지만, 과학자들은 약 15~20억 년 전, 이 존재가 알파-프로테오박테리아라는 독립적인 생명체였다고 보고 있습니다. 그 당시 원시 생명체들은 단순한 구조의 원핵세포였고, 세포는 서로를 잡아먹으며 살아남던 치열한 환경 속에 있었습니다. 그런데 그중 하나가 다른 세포 안에 들어가 죽지 않고 살아남았고, 놀랍게도 서로 협력하기 시작합니다.

이것이 바로 생물학사에서 가장 유명한 평화조약, 즉 내공생(endosymbiosis)의 시작이었습니다. 이후 박테리아는 에너지를 생산하는 능력을 제공했고, 세포는 박테리아에게 보호와 안정된 환경 그리고 필요한 영양소를 제공했습니다. 결과적으로 이 협업은 진핵세포라는 복잡하고 고도화된 생명 구조를 탄생시켰습니다. 즉, 인간을 포함한 고등 생명체의 모든 기초는 이 박테리아와의 공생 계약에서 시작된 셈입니다.

미토콘드리아의 흔적

수십억 년 전, 박테리아와 고대 세포가 공생 관계를 맺은 뒤 시간이 흐르면서 대부분의 공생 유전자는 세포핵으로 이전되었고, 미토콘드리아는 더 이상 독립적인 생명체가 아닌 세포 소기관으로 통합되었습니다. 그러나 오늘날에도 미토콘드리아는 완전히 '세포의 일부'라고 보기에는 여전히 박테리아였던 정체성의 흔적을 강하게 간직하고 있습니다.

가장 먼저 눈에 띄는 특징은 미토콘드리아가 자신만의 DNA(mtDNA)를 보유하고 있다는 점입니다. 이 mtDNA는 고리 모양의 구조를 갖고 있으며, 세포핵에 있는 DNA와는 구조적 서열적으로 명백히 다릅니다. mtDNA에는 에너지 대사에 직접 관여하는 단백질을 코딩하는 유전자들과 rRNA, tRNA 유전자가 포함되어 있어, 미토콘드리아는 독립적으로 단백질을 합성할 수 있는 자체 시스템을 유지하고 있습니다. 더욱 흥미로운 점은 미토콘드리아의 유전 암호표(codon table)가 세포핵의 표준 유전자 코드와 다르다는 사실입니다.

예를 들어, 세포핵에서는 'UGA'라는 코돈이 '종결신호(stop codon)'로 인식되지만, 미토콘드리아에서는 같은 코돈이 '트립토판(tryptophan)'을 지정합니다. 이러한 차이는 미토콘드리아가 독자적인 유전 번역 체계를 유지하고 있다는 명백한 증거입니다. 또한 그 기원이 핵 유전체와는 독립적으로 세포 주기에 따라 정확하게 조절되는 것과는 달리, 미토콘드리아는 세포 주기와 독립적으로 자신만의 리듬에 따라 증식합니다. 즉,

세포가 분열하지 않더라도 미토콘드리아는 자체적인 필요에 따라 수를 늘리거나 줄일 수 있는 능력을 가지고 있습니다. 이는 박테리아가 환경에 따라 증식률을 조절하던 방식과 매우 유사합니다.

어머니의 박테리아를 물려받은 당신

또 한 가지 놀라운 사실은, 미토콘드리아 DNA는 오직 어머니로부터만 유전된다는 점입니다. 수정 시 정자의 미토콘드리아는 거의 모두 제거되고, 난자의 미토콘드리아만이 후세로 이어집니다. 이로 인해 과학자들은 전 세계 모든 인류가 하나의 공통된 모계 조상, 즉 미토콘드리아 이브(mitochondrial Eve)를 공유한다고 봅니다. 지금 당신 안에서 에너지를 만들고 있는 그 작은 미토콘드리아는 수십만 년 전, 아프리카 어딘가를 살던 한 여성에게서 유래한 고대 박테리아의 흔적이기도 합니다.

나는 나이면서, 나 아닌 것들로 이루어졌다

미토콘드리아는 단순히 세포 안의 에너지 공장이 아닙니다. 그것은 수십억 년 전, 두 개의 생명체가 먹고 먹히는 관계를 넘어서 함께 살아가는 방식으로 진화한 결과입니다. 이 박테리아는 도태되지 않고, 거부당하지 않고, 공존과 융합을 통해 새로운 생명의 형태를 만들어 냈습니다. 그리고 지금도 여전히 우리 몸속에서 그 흔적을 남기며, 생명을 유지시키고 있습니다. 이 사실은 우리가 흔히 생각하는 "나란 존재는 완전히 독립적이고 경계가 명확하다."는 인식을 근본적으로 흔듭니다. 나는 나 자신이지만 내 안에는 나의 것이 아닌 생물학적 유산이 함께 살아가고 있습니다. 심지어 그 유산은 나보다 훨씬 오래된 고대 생명체의 후손이며,

내가 살아가는 매 순간을 실질적으로 뒷받침하는 존재입니다.

   진화는 때때로 경쟁과 도태를 통해 일어나지만 가장 깊은 진화는 '협력과 공생'을 통해 이루어진다는 것을 미토콘드리아는 증명합니다. 진화의 승자는 가장 강한 개체가 아니라 함께 살아가는 방식을 가장 잘 설계한 생명체일 수 있습니다. 오늘날 우리는 유전자를 해독하고 생명을 설계할 수 있는 시대를 살아가고 있습니다. 그러나 이토록 놀라운 기술의 출발점에는 서로 다른 생명체가 하나의 세포 안에서 공생한 사건이 존재합니다. 그 조용한 평화조약의 결과가 바로 지금 이 글을 읽고 있는 당신의 존재 그 자체입니다.

"세포 안의 미토콘드리아는 수억 년 전 침입한 이방인이지만,
지금은 생명 에너지를 책임지는 가족처럼
가장 중요한 자리를 차지하고 있습니다."

내 몸 속의 외계인: 마이크로바이옴

인간인가, 공생체인가

거울을 보며 "이게 나다."라고 생각할 때, 우리는 대개 피부로 덮인 몸, 그 안에 있는 장기들 그리고 무엇보다 내 유전자(DNA)를 나의 정체성으로 인식합니다. 그러나 최신 유전체 연구는 우리에게 놀라운 사실을 말해 줍니다.

"인간의 몸에는 인간 세포보다 미생물 세포의 수가 훨씬 더 많으며, 이들 미생물의 유전자는 인간 유전자의 100배 이상에 달합니다."

그렇다면 지금 당신이 '나'라고 부르는 이 몸은 사실 수십조 마리의 미생물과 공생하고 있는 거대한 생물학적 우주일지도 모릅니다. 이 미생물 군집을 우리는 '마이크로바이옴(microbiome)'이라고 부릅니다. 그리고 이 미생물 군락은 단순히 소화만 도와주는 게 아니라, 당신의 유전자를 조절하고, 기분을 바꾸며, 심지어 당신의 뇌와 대화하고 있을지도 모릅니다.

유전자의 조율자, 마이크로바이옴

우리는 유전자가 모든 생명활동을 지휘한다고 배워 왔습니다. 그러나 유전자의 발현을 결정짓는 것은 후성유전학, 그리고 그 후성유전에 영향을 주는 수많은 외부 요인입니다. 그리고 그중 하나가 바로 미생물의 대사산물입니다. 마이크로바이옴은 단쇄 지방산(Short Chain Fatty Acids, SCFA), 트라이메틸아민-N-옥사이드(Trimethylamine N-oxide, TMAO), 세로토닌 전구물질(Serotonin Precursors) 등을 생성해 면역, 신경계, 대사 유전자 발현을 조절합니다. 심지어 장 속 박테리아가 생성한 히스톤 변형 물질이 간접적으로 DNA 발현을 ON/OFF시키는 것도 확인되었습니다. 즉, 내 유전자가 무엇을 하느냐가 장 속 미생물이 지시할 수도 있는 시대입니다.

'제2의 뇌'와 대화하는 장내 미생물

마음이 편하지 않으면 배가 아프다거나 스트레스를 받으면 설사를 한다는 표현은 단순한 은유가 아닙니다. 과학은 장과 뇌 사이의 신경 연결축(gut-brain axis)이 실제로 존재함을 밝혀냈습니다. 장내 미생물은 세로토닌의 90% 이상을 생성합니다. 특정 박테리아는 GABA(gamma-aminobutyric acid), 도파민 등 신경전달물질을 조절합니다. 불안증, 우울증, ADHD 등 일부 정신질환은 마이크로바이옴 조성 변화와 연관이 있습니다. 우리는 장 속에 존재하는 미생물과 무의식적이고도 지속적인 신경 대화를 나누고 있는 셈입니다.

나만의 유전자 + 나만의 미생물 = 진정한 '나'

흥미로운 사실은 마이크로바이옴은 쌍둥이조차 다르게 형성된다는 점입니다. 즉, 나의 장내 생태계는 유전보다도 더 개인 고유의 환경과 생활습관에 따라 달라집니다. 출생 방식(자연분만 vs 제왕절개), 유아기 수유 방식(모유 vs 분유), 식습관, 항생제 사용, 스트레스, 운동, 수면 등 외부 요인이 장내 미생물 군집 구조를 바꾸고, 그 변화는 곧 나의 건강 상태와 유전자 발현을 조절합니다. 즉, 마이크로바이옴은 인간 유전자의 또 다른 절반이 아니라, 인간 유전자의 운명을 공동 설계하는 파트너입니다.

인간은 혼자가 아니다

인간이라는 존재는 DNA 하나로 설명될 수 없으며 현대 유전체학과 생명정보학은 이제 인간 개체를 고립된 생물학적 단위로 바라보지 않습니다. 오히려 인간은 수조 마리의 공생 미생물(microbiota)과 끊임없는 상호작용 속에 살아가는 복합 생태계적 존재이며, 그 정체성은 인간 유전체(DNA)와 미생물 유전체(메타게놈)의 결합된 결과물로 구성되어 있습니다. 장내 마이크로바이옴은 단지 소화를 돕는 소극적 조력자가 아닙니다. 이들은 면역 조절, 신경전달물질 합성, 호르몬 반응, 후성유전학적 조절(epigenetic regulation)에 이르기까지 인간 유전자 발현에 직·간접적으로 깊숙이 개입하는 실질적인 생리적 파트너입니다.

예컨대, 장내 미생물이 생성하는 단쇄지방산(SCFA)은 염증 반응을 조절하고, 미생물 유래 대사산물이 전사인자나 DNA 메틸화 경로에 영향을 주어 유전자 발현을 바꾸는 기전도 점차 밝혀지고 있습니다. 또한, 뇌와 장 사이를 잇는 gut-brain axis(장-뇌 축)는 인지, 감정, 스트레스 반응조차 마이크로바이옴의 상태에 따라 조절될 수 있음을 시사합니다. 실제로 특정 미생물의 감소나 불균형은 우울증, 불안, ADHD, 심지어 자폐 스펙트럼장애(ASD)와도 연관되어 있다는 연구가 다수 존재합니다.

이처럼 '나'라는 개체는 고유한 유전자만으로 구성된 것이 아니라, 내 안에 공존하는 수많은 외부 유전체의 영향을 실시간으로 반영하며 진화하고 있는 유전자 공동체(genomic consortium)라 할 수 있습니다. 정밀의학, 맞춤형 영양, 정신건강 관리, 만성 질환 예방 등의 미래 의료는 이제 '인간 유전체'와 '마이크로바이옴 유전체'의 통합 분석 없이는 온전히 작동할 수 없습니다. 그리고 어쩌면 우리는 이미 오래전부터 '인간'이라는 생명체를 눈에 보이지 않는 외계 생명들과 함께 만들어 가고 있었는지도 모릅니다.

"우리가 느끼는 생각, 감정, 질병, 식욕, 면역 반응까지,
그 어느 것도 인간 유전자 하나만으로는 설명되지 않는 시대가 되었습니다."

유전자 속의 침입자: 바이러스

유전자 속에서 발견된 미스터리한 흔적

'우리 몸의 유전체 중 실제로 단백질을 만드는 부분은 2%도 되지 않는다.'는 이야기를 들어 보신 적이 있으신가요? 그렇다면 나머지 98%의 DNA는 과연 어떤 기능을 할까요? 과거에는 이 부분을 '정크 DNA'라 부르며, 진화의 부산물 혹은 유전적 쓰레기 정도로 취급하기도 했습니다. 그러나 유전체 연구가 정밀해지면서 이 '의미 없어 보이던 부분'에서 놀라운 흔적이 발견되었습니다. 그 흔적 중 하나는 바로 바이러스입니다.

그중에서도 특히 주목되는 것은 수백만 년 전 우리 조상의 생식세포를 감염했던 레트로바이러스(retrovirus)의 흔적입니다. 이 바이러스들은 우리 몸을 스쳐 지나간 것이 아니라 유전체 안에 영구히 새겨진 흔적,

즉 유전적 화석이 되어 지금도 우리 몸 속에서 조용히 그 존재를 알리고 있습니다.

ERV란 무엇인가

이처럼 유전체에 남아 있는 오래된 바이러스의 흔적을 과학자들은 ERV (Endogenous retrovirus, 내인성 레트로바이러스)라고 부릅니다. ERV는 외부에서 유래된 바이러스가 우리 몸에 들어와 정자나 난자와 같은 생식세포를 감염한 뒤, 자신의 유전 정보를 숙주의 DNA에 통합시킨 것입니다. 바이러스는 역전사 효소(reverse transcriptase)를 사용하여 자신의 RNA 유전 정보를 DNA로 변환시킨 다음 이를 인간 유전체에 삽입하는 방식으로 침투합니다. 이 삽입이 일반 세포가 아닌 후손을 만들 수 있는 생식세포에서 일어났다면, 그 바이러스의 유전 정보는 다음 세대로 유전될 수 있습니다. 이처럼 더 이상 감염 능력은 없지만 유전체 속에 흔적으로 남아 있는 바이러스가 바로 ERV입니다.

인간 유전체 속에 얼마나 많은 ERV가 숨어 있을까

인간 게놈프로젝트 이후 많은 유전체 분석에 따르면, 놀랍게도 인간 유전체의 약 8%가 이 ERV 유래 서열로 구성되어 있다고 합니다. 이는 실제 단백질을 만들어 내는 유전자(1.5~2%)보다 10배 정도 많은 비율입니다. 구체적으로는 30억 개의 염기쌍 중 약 2억 4,000만 개 이상이 바로 고대 바이러스의 유전 정보인 셈입니다. 게다가 현재까지 수백 개 이상의 독립된 ERV 계열이 밝혀졌으며, 그중에는 무려 1,000만 년 이상 된 흔적도 존재합니다. 우리는 말 그대로 바이러스의 유전자 위에 쌓인 존재라 해도 과언이 아닙니다.

침입자에서 협력자로: 바이러스의 반전

초기에는 이러한 ERV를 단지 잠재적으로 위험한 유전적 쓰레기로 여겼습니다. 하지만 유전학은 우리에게 한 가지 놀라운 반전을 알려주고 있습니다. 바로, 일부 ERV는 인간의 생존과 진화에 있어 필수적인 역할을 해 왔다는 것입니다. 대표적인 예가 바로 신시틴(syncytin)이라는 단백질입니다. 신시틴은 인간의 태반을 형성하는 세포 융합 단백질로, 실제로는 고대 레트로바이러스의 외피 단백질(env 유전자)에서 유래한 것입니다. 즉, 생식에 결정적인 기관인 태반조차도 한때는 침입자였던 바이러스의 유전 정보를 우리의 생리 시스템이 전용하고 재활용한 결과입니다. 이처럼 ERV는 단지 '남은 흔적'이 아니라, 침입자에서 협력자로, 숙주에서 공생자로 진화한 존재이기도 합니다.

ERV의 위험성

대부분의 ERV는 오랜 진화 과정 속에서 돌연변이와 유전자 손상을 겪으며 비활성화된 상태입니다. 하지만 일부 ERV는 특정 조건에서 다시 발현하거나 기능을 가질 수 있는 잠재력을 유지하고 있습니다. 예를 들어, 면역이 억제된 상태, 특정 암 조직, 자가면역 질환(루푸스, 다발성 경화증 등)에서는 ERV의 단백질이 비정상적으로 발현되어 질환의 원인이 되거나, 면역계의 교란을 일으킬 수 있다는 연구 결과도 있습니다. 즉, ERV는 한편으로는 생명의 파트너이면서도, 다른 한편으로는 질병의 불씨로 남아 있는 복합적인 존재라 할 수 있습니다.

외부 바이러스가 인간 유전체를 다시 감염시킬 수 있는가

지금도 인간은 HIV 같은 수많은 외부 바이러스에 노출됩니다. 특히 레트로바이러스(HIV 등)는 RNA를 DNA로 역전사해 숙주의 세포 유전체에 삽입합니다. 이러한 삽입은 체세포 수준에서는 자주 발생할 수 있습니다. 그러나 체세포에서 삽입된 바이러스 유전자는 자손에게 유전되지 않으며, 생식세포(정자/난자)에 삽입되어야만 내인성 ERV로 남습니다.

그러나 이론적으로는 신종 레트로바이러스가 생식세포 삽입에 성공한다면, '현대판 ERV'가 다시 등장할 수도 있습니다. 다만 현재 인간에서는 새로운 ERV가 유전체에 추가되고 있는 직접적인 증거는 발견되지 않았습니다. 하지만 다른 동물에서는 지금도 진행 중이며, 인간 역시 생식세포에 대한 바이러스 노출과 통합 가능성은 완전히 배제할 수는 없습니다. 인간 외 일부 영장류, 설치류, 포유류에서 최근까지도 새로운 ERV의 내인성화 흔적이 관찰된 바 있습니다. 다만 인간의 경우, 최근 10만 년 이내의 새로운 ERV는 아직 확실히 관찰되지는 않았지만, 일부는 비교적 '젊은' ERV로 추정되고 있습니다(예: HERV-K).

나는 나이면서도, 나 아닌 것들로 이루어진 존재

ERV의 존재는 우리에게 한 가지 중요한 사실을 상기시켜 줍니다. 우리는 우리만의 순수한 유전자 정보로만 이루어진 존재가 아니라는 점입니다. 그 속에는 과거에 우리 몸을 침입한 외부 생명체들의 정보가 유산처럼 남아 있으며, 그 흔적은 때로는 기억으로, 때로는 기능으로, 때로는 위협으로 작용하고 있습니다. 현대 유전체학은 우리가 바이러스를 제거하지 않고, 그 유전적 자산을 재구성하여 생존 전략으로 전환하는 유연함으로 진화해 왔다고 말합니다. 그것이 생명이라는 시스템이 가진 가장 위대한 전략 중 하나일지도 모릅니다.

동료가 된 침입자

우리는 오랫동안 바이러스를 파괴자, 질병의 원인, 외부에서 온 적으로만 인식해 왔습니다. 하지만 ERV의 존재는 그 편견을 정면으로 뒤집습니다. ERV는 단지 유전체의 오류나 오염이 아닙니다. 그것은 생명이 과거에 맞닥뜨렸던 수많은 외부 침입자에 대한 유전적 응답이며, 그 응답을 단순한 방어에 그치지 않고 기억하고, 저장하고, 재조합하며, 결국에는 우리 자신의 일부로 전환해 낸 진화적 창의성의 결정체입니다.

이 과정은 한 세대에 일어나는 변이가 아닙니다. 수백만 년, 수천만 년에 걸친 생명의 고요한 투쟁과 적응의 누적이며, 그 결과 인간이라는 복잡하고 정교한 생명체가 오늘에 이를 수 있었던 유전적 조각 맞추기의 기록입니다. 놀랍게도 인간 유전체의 거의 10% 가까이가 과거의 바이러스 유전자로 구성되어 있다는 사실은 우리가 단지 인간 유전자만으로 만들어진 존재가 아님을 의미합니다.

우리는 '나'라는 생명체로 존재하지만, 그 안에는 과거 수많은 '그들', 즉 감염자, 침입자, 적으로 여겨졌던 바이러스들의 흔적이 유전자의 레이어처럼 켜켜이 쌓여 공존하고 있습니다. 그 흔적들은 더 이상 무용하거나 위험한 것이 아닙니다. 그것들은 오늘날 우리의 면역 체계, 신경 발달, 생식 구조, 태반 형성, 심지어 암에 대한 반응성에도 영향을 미치는 '기능적 유산'이 되어 작동하고 있습니다. ERV는 과거의 위협이지만, 동시에 생명이 위협을 단지 피하거나 제거하는 방식이 아니라 그것을 흡수하고, 기능화하고, 생존 전략으로 전환해 내는 놀라운 시스템이라는 것을 보여 주는 증거입니다.

"나는 나 자신이지만,
동시에 내가 아닌 것들의 협력으로 이루어진 복합체다."

점핑 유전자: 트랜스포존

능동적인 생명 시스템, 유전자

우리는 흔히 유전자를 고정된 코드, 정적인 청사진, 혹은 불변의 설계도로 생각합니다. 그러나 현대 유전체학은 이 상식을 뒤집고 있습니다. DNA는 단지 복사되어 전해지는 정보 저장소가 아니라, 스스로 움직이고 구조를 바꾸며 진화를 유도하는 능동적인 생명 시스템입니다. 이러한 능동성의 중심에 바로 트랜스포존(transposon), 혹은 흔히 말하는 점핑 유전자(jumping gene)가 존재합니다. 이들은 유전체 안에서 자신의 위치를 이동하거나 복사해 다른 위치로 삽입하는 특이한 DNA 조각들로, 유전자 배열을 바꾸고 발현을 조절하며, 때때로 새로운 유전자의 진화를 유도하기도 합니다.

유전체의 절반이 '움직였던 유전자'

놀랍게도 인간 유전체의 약 45~50%는 트랜스포존으로 이루어져 있습니다. 즉, 우리 유전자 속 절반은 어딘가에서 왔고, 또 어딘가로 가고 있었던 유전자의 흔적이라는 뜻입니다. 대표적인 트랜스포존 계열은 다음과 같습니다.

- **LINE** (Long Interspersed Nuclear Elements)
- **SINE** (Short Interspersed Nuclear Elements, 예: Alu)
- **LTR Retrotransposons**
- **DNA Transposons** (cut-and-paste type)

이들은 모두 과거 혹은 현재에 복제되어 삽입된 흔적을 남기며 유전체를 구성해 왔고, 지금도 일부는 여전히 활동 중입니다.

유전체의 연출자: 조절, 혁신, 그리고 실수

트랜스포존은 단지 움직이는 유전자가 아닙니다. 그들은 유전체 구조와 발현을 재편성하는 강력한 조절자입니다. 유전자 인근에 삽입되면 발현을 촉진하거나 억제할 수 있고, 때로는 전사인자 결합 부위로 기능하며, 새로운 Enhancer나 lncRNA의 원천이 되기도 합니다. 특정 조건에서만 활성화되는 후성유전적 조절 타깃이 되기도 합니다. 즉, 트랜스포존은 유전자의 '코드'는 바꾸지 않더라도 그 코드가 언제, 어디서, 얼마나, 어떻게 읽히는지를 바꾸는 숨은 연출자입니다. 하지만 이 연출이 항상 긍정적인 것은 아닙니다. 때로는 기능성 유전자에 삽입되면 돌연변이를 유발하고, 유전체 불안정성을 일으켜 암이나 신경질환의 원인이 되기도 합니다. 트랜스포존은 생명의 가능성과 위험성을 동시에 안고 있는 양날의 진화적 도구인 셈입니다.

침묵과 각성: 잠들어 있는 유전자, 깨어나는 위협

대부분의 트랜스포존은 현재 비활성화된 상태로 존재하지만, 특정 조건(노화, 스트레스, 바이러스 감염, 암 환경)에서는 다시 활성화되기도 합니다. 예를 들어, 알츠하이머나 루게릭병 환자의 뇌에서 LINE-1의 비정상적 발현이 발견되었고, 일부 암세포에서는 트랜스포존이 재활성화되어 유전체 혼란을 가속화시키기도 합니다. 이러한 발견은 트랜스포존이 단지 과거의 유전적 유물이 아니라, 현재도 진화와 질병의 갈림길에서 유전체에 작용하고 있다는 증거입니다.

인간은 트랜스포존을 통해 진화한다

사실 트랜스포존 없이는 인간이라는 종 자체가 지금과 같지 않았을지도 모릅니다. 인간의 면역 시스템(TCR, BCR)은 트랜스포존 유래의 유전 조합 시스템에서 비롯되었고, 대뇌 발달과 관련된 일부 조절 유전자도 트랜스포존 삽입 덕분에 진화한 것으로 추정됩니다. 즉, 유전적 다양성, 생존 전략, 환경 반응성 등 진화적 적응 능력의 상당 부분이 트랜스포존의 활동에서 기인합니다.

DNA의 침묵 속에서 움직이는 이야기꾼

우리는 이제 DNA를 단순한 고정 정보의 집합체로 바라볼 수 없는 시대에 살고 있습니다. 유전체는 유전자의 목록 그 이상이며, 그 안에는 움직이고, 조절하고, 스스로 재구성하는 동적인 생명 시스템이 숨어 있습니다.

그 중심에 있는 것이 바로 트랜스포존입니다. 한때 '쓸모 없는 유전자 잔재'로 여겨졌던 이 점핑 유전자는 이제 유전체 내에서 스스로 이동하며 새로운 유전자 조합을 만들고, 기존 유전자의 발현을 조절하며, 심지어 생명의 진화를 유도하는 핵심 요소로 재조명되고 있습니다. 트랜스포존은 유전체 구조를 다듬고, 단백질 코딩 유전자 외부의 조절 요소들과 관여하며, 돌연변이의 원인이 되기도 하지만, 동시에 유전적 다양성과 적응성을 만들어 내는 촉매이기도 합니다.

인간의 면역 유전자 조합, 뇌 발달, 배아 발현의 정밀한 시간 조절 등 우리 종의 복잡성과 정체성 일부는 트랜스포존의 창조적 개입 없이는 설명될 수 없습니다. 그리고 무엇보다 중요한 사실은 트랜스포존의 활동은 과거에만 머물러 있지 않다는 점입니다. 노화, 스트레스, 바이러스 감염, 암의 발생 등 특정 생리적 조건에서 트랜스포존은 다시 깨어나 유전체의 설계도를 실시간으로 수정하기 시작합니다. 즉, 당신의 DNA는 침묵하고 있는 것처럼 보일지라도 그 안에서 여전히 수많은 유전자와 조절자들이 움직이고, 반응하고, 재배열되며, 생명이라는 서사를 계속해서 다시 써 내려가고 있는 것입니다.

"트랜스포존은 단지 무작위적인 실수가 아니라,
생명의 언어 속에서 새로운 문장을 만들어 내는 편집자이자
진화의 극본을 다시 쓰는 시나리오 작가일 수 있습니다."

유전자의 무음 진화: 유전자 부동

진화는 항상 선택의 결과일까

대부분의 사람은 진화라고 하면 자연선택, 즉 '적자생존'을 떠올립니다. 생존에 유리한 유전자가 후세에 전달되고, 불리한 유전자는 도태된다는 개념은 오랫동안 진화론의 핵심으로 자리해 왔습니다. 그러나 모든 유전자 변화가 생존 경쟁의 결과로 나타나는 것은 아닙니다.

20세기 중반, 일본의 진화 유전학자 기모토 모토오 박사는 새로운 시각을 제시했습니다. 유전자 변이의 상당수는 생존이나 번식에 직접적인 영향을 주지 않는 '중립적 돌연변이(neutral mutation)'이며, 이러한 변이는 무작위적인 확률, 즉 '유전자 부동(genetic drift)'을 통해 세대 간에 확산된다는 것입니다. 이는 기존의 다윈식 자연선택 중심 사고에 균형을 더해 주는 '중립 진화 이론(neutral theory of molecular evolution)'의 출발점이 되었습니다.

중립 돌연변이: 침묵하는 유전자의 이야기

DNA는 네 개의 염기(A, T, G, C)로 구성되어 있으며, 이 염기들이 세 개씩 묶여 코돈을 이루어 단백질을 구성하는 아미노산을 지정합니다. 그런데 흥미롭게도 서로 다른 코돈이 같은 아미노산을 지정하는 경우가 존재합니다. 예를 들어, 'AGA'와 'AGG'는 모두 아르기닌을 나타냅니다. 이처럼 염기가 변했음에도 결과적으로 단백질 기능에 영향을 주지 않는 변이를 '동의 돌연변이(synonymous mutation)', 즉 기능적으로 중립적인 변화라고 부릅니다.

이러한 중립 변이는 생존이나 번식 성공에 영향을 주지 않기 때문에, 자연선택의 대상이 되지 않고 무작위적인 유전자 변화로서 세대 간에 전달될 수 있습니다. 이런 식으로 유전자의 일부가 기능과 무관하게 '조용히' 바뀌며 진화에 기여하는 것입니다.

유전자를 바꾸는 무작위성

이러한 중립 돌연변이가 세대를 거쳐 확산되거나 사라지는 과정을 우리는 '유전자 부동'이라고 부릅니다. 특히 개체군의 규모가 작을수록 이러한 확률적 변화의 영향은 더욱 뚜렷하게 나타납니다. 예를 들어, 어떤 섬에 고립된 소규모 집단에서 특정한 중립 변이를 지닌 개체가 우연히 더 많은 자손을 남긴다면, 그 유전자는 전체 개체군에 퍼지게 될 수 있습니다. 이와 같은 변화는 어떤 생존 경쟁이나 적응 전략 없이도 오로지 우연의 힘에 의해 일어납니다.

따라서 유전체에 존재하는 많은 다양성은 우리가 생각하는 것처럼 전부 '선택'의 산물만은 아닙니다. 의미 없는 변화들이 오랜 시간 축적되며 오늘날의 생명체를 구성하게 된 것입니다.

분자시계

중립 진화 이론은 '분자시계(molecular clock)'라는 개념과 결합하면서 더욱 설득력을 얻게 되었습니다. 중립적 돌연변이가 일정한 속도로 축적된다는 가정을 통해, 서로 다른 종의 공통조상으로부터 갈라진 시점을 유전자의 차이로 계산할 수 있게 된 것입니다. 예를 들어, 인간과 침팬지 사이의 유전체 차이가 약 1%라고 가정한다면, 그 공통조상은 약 500만~600만 년 전에 존재했을 것으로 추정할 수 있습니다. 이렇게 유전자 자체가 시간의 흐름을 기록하는 도구가 된다는 점에서 분자시계는 현대 진화생물학의 중요한 연구 도구로 활용되고 있습니다.

자연선택과 중립 진화: 경쟁과 우연의 공존

중립 진화 이론은 자연선택 이론을 부정하지 않습니다. 오히려 자연선택과 중립 진화는 상호 보완적인 메커니즘으로 함께 작용한다고 보아야 합니다. 예를 들어, 면역 관련 유전자인 HLA 유전자는 강한 자연선택 압력을 받는 반면, 많은 비암호화 영역(non-coding regions)은 중립 진화의 원리에 의해 다양성을 축적합니다.

인간의 전체 유전체 중에서 단백질을 실제로 암호화하는 영역은 2%도 채 되지 않으며, 나머지 98%의 영역 중 상당수는 기능이 아직 알려지지 않았거나, 기능이 없을 수도 있습니다. 이 영역들에서는 중립 돌연변이가 자유롭게 일어나며, 자연선택의 간섭 없이도 진화의 방향성이 형성됩니다.

인공지능에서도 적용되는 중립 진화

중립 진화는 생물학을 넘어 인공지능(AI)의 세계에서도 적용될 수 있는 개념입니다. 예를 들어, 유전자 알고리즘(genetic algorithm)이나 진화 알고리즘에서 성능이 동일한 여러 설계 구조가 있을 때, 이들 중립적인 설계의 차이는 이후 더 복잡한 문제 해결 구조로 발전하는 '기반'이 될 수 있습니다. 이처럼 중립적 변화는 당장은 무의미해 보이지만, 미래 혁신의 가능성을 품고 있는 잠재 구조일 수 있습니다. 생명체나 알고리즘 모두, 필연과 우연, 유용성과 무관심 사이의 균형 위에서 진화하는 것입니다.

침묵 속에 진화하는 유전자: 새로운 시각의 출발점

진화라는 말을 들으면 흔히 강자의 생존, 적자의 도태, 선택과 경쟁의 연속이라는 이미지를 떠올리기 쉽습니다. 진화는 늘 치열하고, 피로 물든 전쟁처럼 인식되곤 합니다. 하지만 생명의 유전적 역사를 차분히 들여다보면, 그 이면에는 놀라우리만큼 조용한 흐름, 마치 강물 속 모래알처럼 움직이는 무수한 작은 변화들이 존재합니다. 이들은 명확한 방향성도, 뚜렷한 목적도 없이 그저 '존재했다.'는 이유만으로 축적되어, 오늘의 인간, 오늘의 생명체를 만들어 냈습니다. 이러한 무음의 진화, 바로 '중립 진화'는 우리에게 한 가지 중요한 사실을 일깨워 줍니다.

수백만 년 전, 생존과 무관하게 무심히 바뀌었던 염기 하나가 우연히 살아남아 지금 이 순간 우리의 유전자에 새겨져 있습니다. 그것은 마치 글로 쓰이지 않은 시(詩)처럼, 아무도 알지 못하는 길을 따라 생명의 서사에 작은 리듬을 부여한 존재입니다. 우리는 그동안 진화의 '목적'과 '성과'에만 주목해 왔습니다. 그러나 중립 진화는 그 과정의 조용한 배경음이야말로 진화의 가장 보편적인 언어일 수 있음을 말해 줍니다. 삶은 때때로 드라마틱하지 않습니다. 생명은 많은 순간 누구도 주목하지 않은 돌연변이 하나로 인해 다른 길을 걷게 됩니다. 그리고 그것이 새로운 종, 새로운 능력, 새로운 존재의 가능성을 열게 됩니다.

　AI 시대를 살아가는 우리에게도 이 메시지는 유의미합니다. 우리가 만들고 있는 알고리즘, 우리가 축적하는 데이터, 우리가 시도하는 반복과 오류 속에는 바로 그 '의미 없음'의 축적이 새로운 혁신의 기반이 될 수도 있다는 점에서 진화와 닮아 있습니다. 생물의 진화가 그러했듯, 정보의 진화 또한 중립적 변화 위에서 출발할 수 있습니다.

"진화는 반드시 목적을 갖지 않아도 되며,
생명은 때로 '의미 없음'조차 의미가 된다는 것입니다."

Y염색체의 비밀

인간의 성별이 나뉘어진 시기

인류는 태초부터 남성과 여성으로 나뉘어 있었을까요? 유전학은 이에 대해 전혀 다른 이야기를 들려줍니다. 인간의 성을 결정하는 X염색체와 Y염색체는 본래 하나의 상염색체에서 유래한 '한 몸'이었습니다. 약 3억 년 전, 한 쌍의 상염색체 중 하나가 성 결정 유전자인 SRY를 획득하면서 Y염색체는 새로운 진화의 길로 들어서게 됩니다. 이 과정에서 Y염색체는 점차 재조합 능력을 상실하며 기능을 축소해 갔고, 오늘날 X염색체와는 매우 다른 형태와 유전자 구성을 가진 '남성 염색체'로 자리잡게 된 것입니다.

Y염색체가 작아진 이유

현재 인간의 Y염색체는 X염색체보다 훨씬 작고, 담고 있는 유전자의 수 역시 극히 제한적입니다. X가 1,000여 개의 유전자를 담고 있는 데 비해 Y는 고작 70~100개 정도의 유전자만을 유지하고 있습니다. 이 현상은 Y염색체가 수백만 년에 걸쳐 서서히 기능을 잃고 '퇴화'해 온 과정의 결과입니다. 하지만 작다고 무시해서는 안 됩니다. Y염색체는 SRY 유전자, 고환 형성 유전자, 정자 생성 관련 유전자 등 남성 생식과 직결된 핵심 기능을 맡고 있으며, 오히려 특정 유전자의 경우 X보다 더 정교하게 보존되는 경우도 있습니다.

배아의 성별

인간의 배아는 초기에는 성별 구분이 없습니다. 말 그대로 '양성(兩性) 상태의 생명체'로 출발합니다. 이후 Y염색체의 SRY 유전자가 작동하면 고환이 형성되고, 그 고환에서 분비되는 호르몬에 따라 남성형 생식기관이 발달하게 됩니다. 흥미롭게도 SRY 유전자가 작동하지 않으면 XY염색체를 지녔더라도 여성형의 외부 생식기를 갖고 태어나는 경우도 있습니다. 이는 인간의 성이 얼마나 복잡하고 유동적인 스펙트럼을 가지는지를 보여 주는 강력한 사례입니다.

Y염색체의 미래

일부 과학자들은 Y염색체가 앞으로 수백만 년 내에 완전히 사라질 수 있다고 경고합니다. 실제로 일부 설치류는 이미 Y염색체 없이도 성 결정 시스템을 운영하는 대체 경로를 진화시켰습니다. 하지만 인간의 경우 Y염색체는 여전히 고도로 보존되고 있으며, 자기 복제를 유지하고 오류를 수복하는 구조적 메커니즘을 갖추고 있어 당장 사라질 가능성은 낮습니다. 다만 그 미래는 결코 정해져 있지 않으며, 유전자 편집 기술(CRISPR)이나 인공 생식 기술이 널리 보급된다면 '성'의 결정 방식은 완전히 새로운 국면에 진입할 수 있습니다.

성의 진화는 인간 이해의 열쇠

Y염색체의 변화는 단순한 유전학적 현상이 아니라 인간 존재 자체에 대한 깊은 통찰을 제공합니다. 우리는 한때 성의 구분이 분명하지 않은 생명체였고, 그 흔적은 지금도 우리 몸속 깊이 새겨져 있습니다. 이는 성별, 정체성, 다양성에 대한 사회적 이해와 포용에도 큰 의미를 지닙니다. 우리가 고정된 성 개념에서 벗어나 다양성과 적응력을 가진 존재로서 인간을 이해해야 한다는 메시지를 유전자는 조용히 들려주고 있는지도 모릅니다.

성의 이분법 너머에 존재하는 유전자의 이야기

X와 Y염색체의 분화는 인간의 성이 고정된 것이 아니라 진화의 흐름 속에 유연하게 존재해 왔다는 증거입니다. 이 흐름 속에서 '성'은 결정되는 것이 아니라 만들어지는 것이며, 인간은 그 흐름을 통해 자신을 계속 다시 정의해 왔습니다.

생물학적으로 보았을 때, 인류는 성이 확연히 구분되지 않은 공통 조상으로부터 출발했으며, 그 과정에서 성 결정 유전자의 출현과 진화는 단순한 이분법적 구조를 넘어서 다양성과 유연성을 만들어 낸 핵심 메커니즘이었습니다. SRY 유전자의 도입은 분명한 전환점이었지만, 그것조차도 긴 진화의 시간 속에서 수많은 돌연변이, 선택, 그리고 적응의 누적이 만들어 낸 결과입니다.

   이제 우리는 그 성의 이분법 너머에 존재하는 유전자적 이야기들을 다시 바라볼 수 있어야 합니다. 유전자는 우리에게 묻습니다. '성별이란 무엇인가?' '정체성이란 고정된 것인가? 혹은 끊임없이 다시 쓰이고 있는 이야기인가?' 그 질문은 아마도 Y염색체 속에 숨어 있는 오래된 이야기에서부터 시작되었는지도 모릅니다.

"Y 염색체는 유전자의 세계에서 독백을 이어 가는 외톨이,
재조합도 없이 홀로 진화하며 남성의 기원을 조용히 기록하고 있습니다."

왜 정자는 점점 약해지고 있을까

인류 전체의 생식 건강에 대한 위협

지구 곳곳에서 진행된 수십 년간의 연구는 하나의 충격적인 결론을 향해 다가가고 있습니다. 전 세계적으로 남성의 정자 수(sperm count)와 정자 운동성(motility), 정자 형태 정상률(morphology)이 점점 감소하고 있다는 것입니다. 대표적인 연구로는, 2017년 이스라엘과 미국 공동 연구팀이 발표한 메타분석이 있습니다. 1973년부터 2011년까지 50개국에서 수집된 데이터를 분석한 결과, 연구 결과에 따르면 서구 국가 남성의 평균 정자 수가 약 59% 감소했다고 합니다. 이것은 단지 개인 차원의 문제가 아닙니다. 이는 인류 전체의 생식 건강이 위기에 처해있음을 보여주는 충격적인 통계입니다.

정자 수 감소 현상의 원인

정자의 질이 저하되는 현상이 일부 유전적 요인과 관련이 있음은 분명합니다. 예를 들어, DAZ 유전자(deleted in azoospermia)나 Y염색체 상 특정 미세결실은 고전적으로 무정자증, 정자 생성 저하와 관련이 있는 것으로 알려져 있습니다. 또한 최근 GWAS 연구들은 SPATA16, TEX11, NR5A1, SYCP3 등 정자 발생과 생식세포 분화에 관여하는 유전자들과 불임 간의 연관성을 계속해서 밝히고 있습니다. 하지만 정자 수의 전 지구적이고 빠른 감소는 단순한 유전적 원인만으로는 설명되지 않습니다. 이러한 현상은 오히려 환경, 후성유전학, 생활 습관 등과 더 깊은 연관이 있는 것으로 보입니다.

후성유전학과 정자 건강

정자 역시 후성유전학적 변화의 영향을 크게 받는 세포입니다. 정자 내 DNA는 단순한 유전 정보뿐 아니라 DNA 메틸화, 히스톤 변형 등의 후성유전적 표지(epigenetic marks)도 함께 전달합니다. 이는 곧 아버지의 영양 상태, 스트레스, 화학물질 노출, 수면 패턴, 운동 습관 등이 정자의 후성유전적 프로파일을 변화시켜, 다음 세대의 생식 능력과 건강에 영향을 줄 수 있다는 것을 의미합니다. 실제로 동물 연구에서는 고지방 식이를 한 수컷 쥐에서 태어난 자손들이 대사 질환에 취약하거나 정자 수가 낮아지는 현상이 관찰되었습니다. 이러한 결과는 정자 건강이 유전자의 변화 없이도 환경을 통해 '기억'될 수 있다는 사실을 보여 줍니다.

정자를 위협하는 현대 환경 요인들

정자 수 감소의 가장 강력한 원인 중 하나로 지목되는 것은 바로 현대 환경의 급격한 변화입니다.

- **환경 호르몬(내분비계 교란물질)**: 비스페놀A(BPA), 프탈레이트, 다이옥신 등은 남성 호르몬 수용체를 방해하고, 정자 생산을 감소시킵니다.
- **과도한 열 노출**: 노트북 사용, 사우나, 꽉 끼는 속옷 등은 고환의 온도를 상승시켜 정자 생성을 방해합니다.
- **전자파와 블루라이트**: 휴대폰, 와이파이, 전자기기 등에서 나오는 전자파가 정자 운동성에 영향을 미친다는 일부 연구도 있습니다.
- **식습관과 비만**: 고지방·고당류 식단은 인슐린 저항성과 테스토스테론 수치 저하를 유발하며, 이는 정자 생성 감소로 이어집니다.
- **스트레스와 수면 부족**: 만성 스트레스는 테스토스테론을 낮추고, 정자 생존력을 저하시킵니다.

이처럼 정자는 현대 사회의 거의 모든 위협에 취약한 생물학적 지표이며, 현재 우리가 살아가는 환경은 정자에게 가장 가혹한 조건 중 하나라고 볼 수 있습니다.

진화의 관점에서 본 정자 퇴화

정자의 수와 질이 감소하는 또 다른 설명은 진화 생물학적 관점입니다. 과거에는 강한 번식력이 생존 경쟁에서 중요한 요소였지만, 현대 사회에서는 의료 기술, 피임, 문화적 구조 변화 등으로 인해 번식력이 생존에 절대적인 영향을 주지 않게 되었습니다. 또한 자연선택이 작동하기 어려운 구조 속에서, 약한 생식력이 유전적으로 제거되지 않고 축적될 가능성도 제기되고 있습니다. 이는 일종의 '생식 선택 압력의 약화'로 볼 수 있습니다.

정자 건강의 회복 가능성

다행히도 정자 건강은 비교적 빠르게 회복 가능한 생물학적 특성 중 하나입니다. 정자는 평균 약 72일 주기로 생성되며, 이는 생활 습관의 개선이 실제 정자의 질에 2~3개월 이내에 영향을 줄 수 있음을 의미합니다. 다음과 같은 변화가 정자 건강에 긍정적 영향을 줄 수 있습니다.

- 플라스틱 용기 대신 유리·도자기 사용
- 고지방식 줄이고 식물성 단백질, 항산화 식단 유지
- 규칙적인 운동, 충분한 수면
- 전자기기 노출 최소화
- 스트레스 관리와 정기적인 건강 검진

또한 후성유전학 기반의 생식건강 연구는 맞춤형 식이, 보충제, 개별 위험 분석 등을 통해 정자 건강을 개선하는 새로운 방법들을 제시하고 있습니다.

우리 정자의 미래

정자는 단지 생식을 위한 매개체 그 이상입니다. 그 안에는 유전 정보뿐 아니라 환경, 생활습관, 심지어 부모 세대의 생물학적 기억까지 담겨 있습니다. 정자의 수와 질이 전 지구적으로 감소하고 있다는 사실은 단순한 남성 건강의 문제가 아니라 현대 문명과 인간 생물학이 정면으로 충돌하고 있다는 신호일 수 있습니다. 그런데 이 변화는 단지 생식 능력의 저하에 그치지 않습니다. 흥미롭게도 정자의 생물학적 위축과 함께, 사회 구조 역시 점점 모계 중심으로 이동하고 있다는 사실은 우리가 겪고 있는 이 변화가 단지 일시적인 위기가 아니라 진화적 방향 전환의 가능성을 암시합니다.

실제로 현대 사회는 여성이 더 높은 교육 수준을 갖추고, 독립적 경제력과 정치적 영향력을 확대하며, 과거 남성이 독점해 오던 역할들을 더욱 정교하고 안정적으로 대체하고 있습니다. 이는 단지 사회문화적 진보가 아니라 진화생물학적으로도 '성 선택'과 '개체 생존' 전략이 바뀌고 있음을 나타낼 수 있습니다. 과거에는 남성의 번식력이 집단 생존에 더 중요한 요소였다면, 이제는 여성의 지능, 사회적 협력 능력, 양육 능력, 건강 자율성이 오히려 종의 안정성과 지속 가능성에 더 중요한 역할을 하게 된 것입니다.

이는 진화적으로도 성 역할의 재조정이 이루어지고 있다는 증거일 수 있습니다. 어쩌면 정자의 점진적 쇠퇴는 단순한 위기가 아닌, 인류가 보다 다양하고 안정된 생존 구조를 선택하고 있다는 생물학적 신호일지도 모릅니다. 즉, '강한 정자'에서 '강한 공동체와 양육 환경'으로 진화 축이 이동하고 있는 것입니다. 정자는 인류의 과거를 설명해 주는 분자이자, 우리 문명이 어디로 향하고 있는지를 가리키는 생물학적 나침반이기도 한 것입니다.

"정자는 인류 문명의 변화를 가장 먼저 반영하는 생물학적 나침반이다."

ADHD는 유전적 오류일까, 진화적 생존 전략일까

ADHD는 단순한 뇌의 '이상'이 아니다

ADHD(Attention-Deficit/Hyperactivity Disorder)는 흔히 '주의력이 산만하고, 충동적이며, 집중하지 못하는 장애'로 규정됩니다. 그러나 우리는 이 규정을 다시 생각해 볼 필요가 있습니다. ADHD는 전 세계 인구의 약 5~7%가 겪고 있는 비교적 흔한 신경발달적 특성입니다. 그리고 그 유전적 기반은 매우 강합니다. ADHD는 70~80%의 유전율을 가지며, 이는 자폐 스펙트럼장애(ASD)보다도 더 높습니다. 그렇다면 이렇게 높은 유전적 유지율을 가진 '장애'가 과연 생존에 불리한 특성일 수 있을까요?

유전자 속에 새겨진 ADHD의 흔적

가장 잘 알려진 ADHD 연관 유전자는 DRD4(Dopamine Receptor D4) 유전자입니다. 이 유전자의 7-repeat allele(DRD4-7R)은 ADHD와 밀접하게 연관되어 있으며, 행동학적으로는 새로운 자극에 대한 높은 민감도를 보이며 보상 지연에 대한 낮은 인내력 그리고 탐험적 행동 및 리스크 감수 등을 보입니다.

재미있는 사실

DRD4-7R 변이는 유목민 집단에서 높은 빈도로 나타납니다. 예를 들어, 케냐의 아리알(Ariaal) 부족을 대상으로 한 연구를 볼 때, 유목 생활을 하는 그룹에서 이 유전자의 보유율이 더 높았고 생존 및 번식 성공률도 더 높았습니다. 즉, ADHD와 관련된 유전자는 정착형 사회보다 변화무쌍한 환경에서 오히려 유리하게 작용했을 수 있습니다. 과거 인간은 '집중력'보다 오히려 '주의 산만'이 생존에 더 필요했을지도 모릅니다.

원시 수렵-채집 시대의 생존 환경을 상상해 보십시오. 사냥 중에는 멀리서 들려오는 낯선 소리, 야영지 주변의 불규칙한 냄새, 낯선 동물의 흔적을 잘 파악해야 합니다. 이런 환경에서는 깊은 집중보다 주변을 계속 경계하는 능력이 더 중요했습니다. ADHD 뇌는 이런 상황에 적합한 '환경 스캐닝 모드'를 기본값으로 가지고 있었던 것입니다.

현대에도 아이를 키우는 엄마는 불에 데일 수도 있는 아이를 계속 주시하고, 위험한 상황을 즉시 감지해야 하며, 야간 경비자는 조용한 밤에 사소한 변화도 민감하게 감지해야 합니다. 이러한 뇌 특성이 바로 ADHD의 핵심입니다. 이는 곧 지속적으로 변화하는 자극을 탐지하고 빠르게 반응하는 능력인 것입니다.

현대 사회의 패러독스

ADHD는 왜 지금 '장애'가 되었을까요? ADHD는 실제로 산업화 이후에 '문제'로 규정되기 시작했습니다. 현대 교육 시스템과 직장 환경은 장시간 한자리에 앉아 있기, 단일 과업 수행, 지시 따르기 반복적인 루틴 같은 집중을 요하는 행동을 보다 더 요구합니다.

하지만 ADHD의 뇌는 이런 환경에 적응하지 못하는 것이 아닙니다. 애초에 그렇게 설계되지 않았기 때문입니다. 즉, ADHD는 현대 시스템의 기준에서만 '이상'으로 보일 뿐, 진화론적 맥락에서는 '다양성의 일부'이며 과거 인간에게는 생존과 안정에 더 유리한 특징일 수 있었던 것입니다.

새로운 시대, ADHD는 진화적 이점

ADHD는 오랫동안 주의력 부족과 충동성으로 인해 장애로 분류되어 왔지만, 오늘날처럼 인공지능과 자동화 기술이 일상에 깊이 들어온 시대에는 그 특성이 오히려 새로운 방식으로 재조명될 수 있습니다. 반복적이고 규칙적인 일은 기계가 대체하게 되었고, 인간에게는 창의성과 비선형 사고, 빠른 상황 대처 능력처럼 비정형적인 역량이 더 중요해지고 있습니다. 이런 변화 속에서 ADHD의 특징인 즉흥성, 빠른 주의 전환, 새로운 자극에 대한 민감함은 단점이 아니라 장점이 될 수 있습니다.

진화는 언제나 한 방향으로만 흐르지 않습니다. 환경이 바뀌면 생존 전략도 달라지고, 사회가 요구하는 인간형도 바뀝니다. 과거에는 통제와 집중이 이상적인 특성이었다면, 이제는 유연하고 민감한 반응 속도가 더 유리할 수 있습니다. ADHD는 그런 변화 속에서 새로운 가능성을 지닌 두뇌 유형으로 이해될 수 있습니다.

우리는 더 이상 인간의 차이를 결함으로 볼 것이 아니라 다양성 속에서 생존과 창조의 기회를 발견해야 합니다. ADHD는 단지 극복해야 할 문제가 아니라 AI 시대에 더욱 적합한 인간형의 한 모습일지도 모릅니다.

필요 역량	ADHD 특성과의 연결
비선형 사고	창의적 연결, 즉흥성
멀티태스킹	빠른 주의 전환
위기 상황 대응	충동적 반응이 오히려 유리
새로운 환경 적응	반복보다 변화에 강한 구조

ADHD는 오류가 아닌 진화의 다양성

ADHD는 유전자의 실수가 아니라 인간 종의 생존 전략 중 하나입니다. 이제 우리는 ADHD를 '고쳐야 할 결함'이 아닌 '새로운 세상에 필요한 능력'으로 이해해야 합니다. 그리고 무엇보다 인간 유전체가 우리에게 보여 주는 가장 강력한 메시지는 인간은 같은 방식으로 설계되지 않았다. 다양성은 생존을 위한 핵심 전략인 것입니다.

ADHD는 또 하나의 창조적 설계

우리는 너무 오랫동안 '정상'이라는 협소한 기준으로 인간을 바라봐 왔습니다. 집중하지 못하고, 충동적이며, 산만한 행동은 규율을 깨뜨리는 '결함'으로 분류되었습니다. 그러나 유전자의 언어는 이렇게 말하지 않습니다. ADHD는 인간 유전체 속에 남겨진 생존의 전략이자, 변화에 적응하는 유연성의 상징입니다. 수렵-채집 시대에는 빠르게 주변을 감지하는 감각이 생명을 살렸고, 산업화 시대에는 조용히 규칙을 따르는 인내심이 보상을 주었습니다.

그리고 지금 우리는 또 다른 전환점에 서 있습니다. AI와 자동화의 시대, 창의성과 직관, 새로운 연결이 가치를 창출하는 사회 속에서 ADHD형 인간은 혼란 속에서 패턴을 감지하고, 고정관념의 경계를 허무는 개척자가 될 수 있습니다. 우리는 이제 질문을 바꿔야 합니다. "왜 이 아이는 다르지?"가 아니라 "이 아이는 무엇에 강할까?"라고 말입니다. 진화는 우리의 유전자에 수많은 가능성을 새겨 주었습니다. ADHD는 그중 하나입니다. 즉 결함이 아니라 가능성의 다른 표현이라는 것입니다.

"ADHD는 오류가 아니다.
이것은 다양성이다."

비만 유전자

인류의 역사는 생존과 기아의 역사

수십만 년 동안 인간은 끊임없이 굶주림에 시달렸고, 조금이라도 더 많은 에너지를 저장하려는 본능은 진화 과정에서 필수적인 생존 전략이었습니다. 쉽게 지방을 축적하고 가능한 한 많은 음식을 섭취하려는 경향은 인류라는 종(species) 전체에 깊숙이 새겨진 생물학적 유산입니다.

하지만 세상이 바뀌었습니다. 산업화와 농업 혁명, 식품 기술의 발달로 우리는 풍요의 시대에 접어들었습니다. 음식은 넘쳐나고, 신체 활동은 감소했으며, 에너지 저장 본능은 이제 생존이 아닌 질병을 초래하는 함정이 되어 버렸습니다. 비만은 현대 인류에게 가장 흔하면서도 가장 극복하기 어려운 숙제가 되었습니다.

비만은 의지의 문제가 아니다

오랫동안 비만은 '개인의 나약함'이나 '의지력 부족'으로 여겨졌습니다. 하지만 최근 과학은 이를 전면 부정합니다. 비만은 단순히 많이 먹고 적게 움직이는 문제를 넘어서, FTO 유전자를 비롯한 유전적 소인, 스트레스, 수면 부족 등 환경적 요인, 장내 미생물 불균형, 신경전달물질과 포만감 회로의 기능 이상 등이 복합적으로 얽힌 복잡한 생물학적 질환임이 분명히 밝혀졌습니다. 비만은 단순한 생활 습관이 아니라, 몸과 뇌가 협력하여 에너지 과잉 상태를 고착화하는 구조적 문제였던 것입니다.

GLP-1 작용제의 등장: 비만 정복의 서막

그리고 마침내 인류는 이 오랜 숙제에 가시적인 해답을 찾아내기 시작했습니다. 바로 GLP-1 작용제(GLP-1 receptor agonists) 계열의 신약들입니다. 대표적인 약물로는 세마글루타이드[semaglutide, 제품명: 위고비(Wegovy), 오젬픽(Ozempic)]와 티르제파타이드[tirzepatide, 제품명: 몬자로(Mounjaro)]가 있습니다.

이 약물들은 식욕을 강력하게 억제하고, 포만감을 지속적으로 강화하며, 위 배출을 지연시켜 소화를 늦춥니다. 그럼으로써 궁극적으로 총 칼로리 섭취량을 자연스럽게 줄이는 효과를 냅니다. 특히, GLP-1 작용제는 뇌의 시상하부에 작용하여 '배고픔을 느끼는 감각' 자체를 크게 줄여줍니다. 이는 단순히 식단 조절이나 의지로는 어려웠던 '식욕'이라는 근본적인 문제를 생물학적 수준에서 조정하는 데 성공한 것입니다.

인류 역사상 최초로 관찰되는 비만 감소

흥미롭게도 이러한 신약들이 보급되면서 일부 국가들에서는 비만율이 정체하거나, 심지어 감소하는 초기 신호가 관찰되기 시작했습니다. 2024년 GLP-1 약물 복용자군에서 평균 체중이 10~20% 이상 감소하는 전례 없는 결과가 보고되었습니다. 이와 함께, 당뇨병, 심혈관 질환, 지방간 질환 같은 비만 연관 질병들의 발병률도 감소하는 경향을 보였습니다. 이는 인류 역사상 처음으로, '비만이라는 문제를 기술과 약물로 통제할 수 있다.'는 가능성이 입증된 순간이었습니다.

단순한 체중 감량을 넘어선 혁명

GLP-1 작용제의 등장은 단순히 비만을 줄이는 데 그치지 않습니다. 그것은 인간의 식욕 조절 회로 자체를 조정할 수 있다는 가능성을 열어주었습니다. 이는 마치 시력을 교정하는 안경처럼, 혈압을 낮추는 약처럼, 인슐린으로 당뇨를 관리하는 것처럼, 비만 역시 과학적 개입(scientific intervention)으로 정상화할 수 있는 '관리 가능한 질병'이 될 수 있다는 의미를 지닙니다. 비만에 대한 낙인(stigma) 또한 사라질 가능성이 있습니다. 비만은 개인의 나약함이 아니라, 조정 가능한 생리적 조건이라는 인식이 확산되기 시작한 것입니다.

비만유전자

비만은 수십만 년 동안 인류를 지배해 온 생존 본능의 유산입니다. 우리 조상들은 끊임없는 기아와 생존 경쟁 속에서 살아남아야 했습니다. 오늘날 우리가 알고 있는 많은 비만 관련 유전자들, 예를 들어 FTO,

MC4R, LEP 같은 유전자들은 본래 칼로리를 빠르게 저장하고, 가능한 한 많은 에너지를 비축함으로써 생존 가능성을 높여주던 소중한 유전적 자산이었습니다. 비상시를 대비해 지방을 축적하는 능력은 한때 인류를 굶주림과 죽음으로부터 구한 강력한 무기였던 것입니다.

다시 말해, 비만에 취약한 유전자는 과거에 강력한 생존력과 적응력의 상징이었습니다. 그러나 현대 사회는 달라졌습니다. 음식은 넘쳐나고, 물리적 활동은 줄었으며, 생존을 위한 에너지 저장이 더 이상 필요하지 않은 시대가 되었습니다. 문제는 이것입니다. 우리의 환경은 급격히 변했지만 우리의 유전자는 여전히 수십만 년 전 초원을 살아가던 인간의 프로그램을 그대로 유지하고 있다는 것입니다.

이제 인류는 처음으로, 자신의 본능과 유전적 운명을 자각하고, 그것을 넘어서는 방법을 찾기 시작했습니다. GLP-1 작용제와 같은 신약의 등장은, 단순한 체중 감량을 넘어서 인간이 진화의 유산을 인식하고 능동적으로 조정하려는 최초의 대규모 시도라 할 수 있습니다. 비만의 정복은 체중계 위의 숫자를 줄이는 것 이상의 의미를 가집니다. 그것은 인류가 스스로를 바라보는 방식, 본능과 의지의 관계, 미래의 건강을 설계하는 방법에 이르기까지 우리 존재를 다시 쓰는 근본적인 전환점이 될 것입니다.

"비만의 정복은 인류가 진화로 각인된 생존 본능을
과학의 힘으로 인식하고 조정하며, 본능을 넘어
자기 운명을 다시 쓰기 시작한 최초의 생물학적 혁명이다."

식탁 위의 게놈 나침반

감정, 식사, 후성유전학이 만드는 또 하나의 유전자 지도

우리는 식사를 할 때마다 "무엇을 먹을까?"에 집중합니다. 그러나 후성유전학 은 그 질문을 넘어 또 하나의 물음을 제기합니다. 현대 생명과학은 이제 우리가 먹는 음식이 단순한 칼로리나 영양소의 문제가 아니라 우리 몸속 유전자의 사용법을 바꾸는 신호라는 사실을 밝혀내고 있습니다. 더 놀라운 사실은 당신의 식사가 당신만이 아니라 다음 세대의 유전자 표현 방식에도 영향을 줄 수 있다는 점입니다. 이것은 단순한 식생활 개선이 아닙니다. 이는 생명의 운명과 유전자의 운용을 다시 쓰는 조용한 혁명입니다.

식사가 유전자에 남기는 메시지

우리가 섭취하는 음식 속에는 단백질, 지방, 탄수화물 외에도 DNA의 후성유전적 조절에 참여하는 활성 화합물들이 포함되어 있습니다. 대표적으로 엽산(folate), 비타민 B6, B12, 콜린, 메티오닌 등은 DNA 메틸화에 필요한 메틸기($-CH_3$)를 공급하는 역할을 하며, 특정 유전자의 발현을 억제하거나 활성화하는 생화학적 스위치로 작용합니다. 이러한 반응은 특히 태아기와 초기 성장기에 강력하게 작용하며, 이 시기에 형성된 후성유전적 패턴은 성인이 되어서까지 건강 상태, 대사 조절, 질병 민감도에 영향을 줄 수 있습니다.

실제로 1944~1945년 네덜란드 기근기에 태아였던 아이들은 성인이 되어 비만, 당뇨병, 우울증, 심혈관 질환에 더 취약한 경향을 보였습니다. 이는 DNA 자체의 변화가 아닌 메틸화 패턴의 재구성으로 설명됩니다. 어머니의 영양 상태가 자녀 세대의 유전자 작동 방식을 변화시킨 최초의 후성유전 사례였던 것입니다.

유전자에도 이로운 기분 좋은 식사

우리는 음식을 통해 유전자를 조절하지만, 그 조절은 단지 '무엇'을 먹는가에 국한되지 않습니다. '어떤 마음'으로 먹는가 또한 유전자 발현에 깊은 영향을 미칩니다. 긍정적인 감정, 안정된 정서, 사랑하는 사람과의 식사는 단지 뇌를 기쁘게 하는 것이 아니라, 실제로 신체 내부의 유전자 조절 환경을 건강하게 조성합니다. 감사, 만족, 즐거움은 코르티솔(스트레스 호르몬) 분비를 억제하고, 대신 도파민, 세로토닌, 옥시토신 등 긍정적 신경전달물질의 분비를 촉진합니다. 이러한 생리 반응은 염증 억제, 면역 안정, 소화 효율 향상, 대사 균형 유지 등과 관련된 유전자의 발현 수준을 후성유전학적으로 조절할 수 있습니다. 식사 장소의 분위기, 식탁의 색감, 대화의 내용조차 그 순간의 생물학적 안정감을 결정짓는 하나의 인자일 수 있습니다.

유전자 스위치를 망가뜨리는 존재: 스트레스

'스트레스는 만병의 근원'이라는 말은 이제 분자생물학적으로 입증되고 있습니다. 만성 스트레스와 불안은 염증 관련 유전자의 메틸화 구조를 교란시키고, 면역 체계의 조절력을 약화시켜 자가면역 질환과 만성 염증성 질환의 위험을 높입니다. 반대로 정서적 안정 속에서 이루어지는 식사는 염증 억제 유전자 활성화, 항산화 효소 발현 증가, 장내 미생물 다양성 증가 등으로 이어져 전신 건강에 긍정적인 영향을 주는 것으로 밝혀졌습니다. 즉, 마음 상태 하나로도 유전자 작동의 균형이 무너질 수도, 회복될 수도 있다는 것입니다.

기억에 남는 식사는 유전자의 기억에도 남는다

햇살 가득한 창가에서, 잔잔한 음악과 함께 사랑하는 사람과 나누는 한 끼. 이런 따뜻한 식사 경험은 단지 '추억'이 아니라 유전자 발현 환경에 긍정적인 흔적을 남기는 생물학적 사건이 될 수 있습니다. 심지어 이러한 후성유전학적 이득은 신경계의 노화 속도를 늦추고, 세포 수준에서 항산화 방어 시스템을 활성화하는 방식으로 삶의 질에 장기적 영향을 미칠 수 있습니다. 좋은 식사는 단순한 기분 좋은 기억이 아니라, 유전체 차원에서 기억되는 '생명 조율의 순간'인 것입니다.

유전자를 해석하는 생화학적 언어

현대의 식단은 정제된 탄수화물, 고지방, 고염식, 반복적인 영양 불균형에 노출되어 있습니다. 이런 식습관은 단순히 체중 증가나 대사 문제를 넘어서 후성유전학적 관점에서 유전자 기능 자체를 왜곡시킬 수 있습니다. 반면, 채소, 과일, 견과류, 오메가-3, 폴리페놀 같은 항산화 물질과 항염 성분이 풍부한 식품은 DNA 메틸화와 히스톤 조절을 통해 세포 보호 유전자의 발현을 촉진하고, 노화와 질병의 속도를 늦추는 데 긍정적인 영향을 줍니다. 결국 음식은 단순한 연료가 아니라, 유전자를 해석하는 생화학적 언어입니다.

유전 정보와 나누는 대화

한 끼의 식사는 그저 에너지를 채우는 행위가 아니라 당신의 세포와 유전자가 나누는 정보 교환의 순간입니다. 식재료의 조합, 감정의 상태, 대화의 분위기, 공간의 온기가 어우러진 그 순간은 세포의 메커니즘과 유전자 발현을 조절하며, 건강과 노화, 심지어 자녀 세대의 삶의 질까지 결정짓는 생명의 분기점이 될 수도 있습니다.

"유전자는 고정된 것이 아닙니다. 당신이 어떻게 살고, 먹고, 느끼느냐에 따라 유전자는 새롭게 읽히고, 다시 쓰입니다."

술의 게놈 나침반

술을 분해하는 세 가지 경로

술을 마시면 우리 몸은 이를 분해하기 위해 세 가지 주요 대사 경로를 작동시킵니다. 그중 가장 대표적인 경로는 ADH-ALDH 경로입니다. 이 경로에서는 에탄올이 먼저 알코올 탈수소효소(ADH)에 의해 아세트알데하이드로 전환되고, 이어서 알데하이드 탈수소효소(ALDH)에 의해 아세트산으로 분해됩니다. 하지만 이 과정에서 ALDH2 유전자에 변이가 있는 분들은 아세트알데하이드를 제대로 분해하지 못해 체내에 축적하게 됩니다. 그로 인해 얼굴이 붉어지고 심박수가 증가하며, 메스꺼움을 동반하는 등의 반응이 나타납니다. 이는 단순한 체질이 아니라 유전자의 표현형으로 볼 수 있습니다.

만약 이 주된 경로가 원활히 작동하지 않을 경우, 우리 몸은 MEOS 경로라는 보조 시스템을 가동하게 됩니다. 이 경로는 간의 소포체에서 CYP2E1 효소가 작동하여 에탄올을 분해하는데, 주로 과음하거나 장기적으로 음주하는 경우 활성화됩니다. 하지만 이 경로는 간세포에 산화 스트레스를 유발하고, DNA 손상 위험까지 증가시키며, 동시에 다른 약물 대사 경로와 겹치기 때문에 약물 간 상호작용의 위험도 동반하게 됩니다.

세 번째 경로인 카탈라아제(catalase) 경로는 과산화소체에서 작동하며, 과산화수소와 함께 알코올을 분해하는 역할을 합니다. 이렇듯 우리 몸은 하나의 경로가 제대로 작동하지 않을 경우에 대비하여, 여러 백업 경로를 통해 생존을 유지하려는 정교한 시스템을 갖추고 있습니다.

아시아인과 유전형: Asian flush의 과학

특히 한국인을 포함한 아시아인들 사이에서 ALDH2 유전자에 변이가 있는 비율이 매우 높아, 이로 인한 급성 반응이 자주 관찰됩니다. 이 현상은 서양인들에게는 드물게 나타나지만, 동아시아 지역에서는 전체 인구의 30~50% 이상이 ALDH2의 기능이 저하된 유전형을 가지고 있는 것으로 알려져 있습니다. 이러한 배경에서 술을 마셨을 때 얼굴이 붉어지는 증상을 일컬어 'Asian flush' 또는 'Asian glow'라고 부르게 된 것입니다. 즉, 이는 단순한 사회적 표현이 아니라, 동아시아인의 유전적 특성이 세계적으로 인식될 정도로 뚜렷하다는 뜻이기도 합니다.

얼굴이 붉어지는 것뿐만 아니라, 알코올 대사 중간산물인 아세트알데하이드가 체내에 오래 남게 되면 DNA 손상, 염증 반응, 면역 억제, 심지어는 특정 암(예: 식도암, 간암)의 위험성까지 높아질 수 있다는 연구들이 꾸준히 발표되고 있습니다. 따라서 아시아인, 특히 한국인에게는 자신의 유전적 음주 체질을 이해하는 것이 건강을 지키기 위한 핵심적인 요소라고 할 수 있습니다. "나는 술이 약하다." 혹은 "체질상 술을 못 마신다."는 자의적 판단이 아닙니다. 그러므로 과학적 유전자 정보에 근거한 자기 이해와 절제가 요구됩니다.

백업 시스템에 따르는 대가

ALDH2 유전자에 변이가 있어 알데하이드를 제대로 분해하지 못하더라도, 지속적인 음주를 통해 MEOS 경로가 점차 활성화되면 술을 전보다 더 잘 마시는 것처럼 느끼게 됩니다. 그러나 이는 대사 능력이 좋아진 것이 아니라 위험성이 높은 우회 경로가 과도하게 작동하고 있다는 신호입니다.

MEOS 경로는 많은 양의 활성산소(ROS)를 생성하여 간세포에 손상을 주고, DNA 손상 및 염증 반응을 일으킬 수 있으며, 여러 약물의 대사 과정과도 충돌하여 예상치 못한 부작용을 유발할 수 있습니다. 이러한 대사 경로를 지속적으로 활용하게 되면 결국 알코올성 지방간 → 간염 → 간경화 → 간암으로 이어지는 병리적 경과가 나타날 수 있습니다. 즉, 우리 몸이 마련한 백업 시스템은 어디까지나 비상용 구조 장치이지, 반복적으로 사용해도 되는 안전한 경로는 아닙니다.

우리 몸이 보내는 경고

술을 마셨을 때 얼굴이 붉어지거나, 심장이 빠르게 뛰고, 속이 메스꺼워지는 반응은 우리 몸이 보내는 중요한 신호입니다. 이러한 반응은 단순한 부작용이 아니라, 몸이 더 이상의 음주를 자제하라고 보내는 생물학적 경고이자 보호 장치입니다. 그런데도 이러한 경고를 무시하고 지속적으로 술을 마시게 되면, 인체는 결국 마지막 수단으로 실신(pass out)이나 수면 유도를 통해 더 이상의 음주를 강제로 차단하게 됩니다. 이는 우리 몸이 생명을 보호하기 위해 스스로를 종료시키는 생리학적 반응이라고 할 수 있습니다. 이처럼 신체가 보이는 다양한 반응은 모두 생존을 위한 자연스러운 방어 메커니즘입니다. 그러므로 이를 가볍게 여기지 말고 경고로 받아들여야 합니다.

나이에 따라 달라지는 알코올 대사 능력

나이가 들면서 술에 대한 반응이 달라진다는 것은 많은 분이 공감할 수 있을 것입니다. 젊었을 때는 술을 잘 마셨는데 나이가 들면서 점점 약해지는 경우가 있는가 하면, 반대로 젊을 때는 술을 잘 못 마셨지만 중년 이후 오히려 더 잘 마시게 되었다는 이야기를 듣기도 합니다. 특히 한국 여성의 경우에 갱년기 이후 술을 마셔도 얼굴이 붉어지지 않고, 불쾌한 반응도 덜하게 되었다고 이야기하시는 분들이 많습니다.

이러한 현상은 유전형 자체가 바뀐 것이 아니라 호르몬 변화에 따라 유전자 발현의 양이 달라지는 후성유전학적 반응일 수 있습니다. 일부 연구에서는 에스트로겐이 감소하면 ALDH 효소의 유전자 발현이 증가할 수 있다는 가능성이 제시된 바 있으며, 이로 인해 같은 유전형을 가진 사람도 생애 주기 중 특정 시점에서 알코올에 대한 내성이나 반응성이 달라질 수 있습니다.

반대로 젊은 시절 술을 무리해서 자주 마셨던 분들은 MEOS 경로에 의존하게 되는데, 이 경로는 간 기능 저하와 함께 나이가 들수록 점점 비효율적으로 작동하게 되며, 결국 몸이 더 이상 술을 받아들이지 못하게 됩니다. 이러한 상태에서도 계속해서 음주를 지속할 경우에는 간 손상이 누적되고 심각한 질병으로 이어질 수 있습니다.

유전자를 알면, 술이 다르게 보인다

술은 인류가 자연으로부터 얻은 오래된 발효물이며, 기쁨과 슬픔, 축제와 위로의 순간마다 함께 해 왔던 존재입니다. 하지만 이 귀중한 선물은 자신의 유전적 특성을 제대로 이해하고 존중할 때만 안전하고 즐겁게 누릴 수 있습니다. 얼굴이 붉어지는지, 심장이 빨리 뛰는지, 술이 예전보다 덜 취하는 것 같은 느낌이 드는지, 혹은 점점 약해지고 있는지를 살펴보아야 합니다. 이러한 반응은 모두 유전자, 효소, 호르몬, 환경이 함께 조율해 보내는 신호입니다. 술을 마시는 것은 단지 사교적 선택이 아니라, 생물학적 선택입니다. 자신의 유전자를 이해하는 사람은 술을 무리하지 않고 건강하게 즐기며, 그 안에서 삶의 지혜를 발견하게 됩니다.

"당신은 당신의 유전자가 말하는
음주의 신호를 제대로 듣고 계십니까?"

주거의 게놈 나침반

유전자의 발현을 조절하는 주거환경

100세 시대를 살아가는 지금, 얼마나 '오래' 사는가보다 더 중요한 질문은 얼마나 '건강하게 오래' 사는가입니다. 우리는 유전자를 타고나지만, 그 유전자의 스위치를 켜고 끄는 것은 우리가 살아가는 환경과 경험입니다. 여기에서는 건강 수명을 연장하기 위한 주거환경, 특히 실버타운과 같은 고령자 주거 모델이 유전자와 후성유전학적 관점에서 어떤 영향을 미치는지를 살펴보고자 합니다.

후성유전학은 염기서열의 변화 없이 유전자의 발현을 조절하는 메커니즘을 연구하는 분야입니다. DNA는 바뀌지 않지만, DNA 메틸화, 히스톤 변형(histone modification), miRNA 조절과 같은 과정에 의해 어떤 유전자가 켜지고 꺼질지가 결정됩니다. 이러한 후성유전적 조절은 주거환경과 밀접하게 연관되어 있습니다.

예를 들어, 채광이 좋은 환경은 일주기 리듬(circadian rhythm) 관련 유전자인 CLOCK, BMAL1, PER1 등의 후성유전적 안정성을 유지시켜, 멜라토닌과 코르티솔의 균형을 돕습니다. 공기 질이 좋고 습도 조절이 잘 된 공간은 폐와 면역계에서 발현되는 IL6, TNF-α, TLR4 유전자의 과발현을 억제해, 염증 유전자의 부작용을 줄여 줍니다. 소음이 적고 스트레스가 적은 공간은 스트레스 축 즉 시상하부-뇌하수체-부신축(HPA axis)에 관여하는 NR3C1, FKBP5, CRH 등의 유전자의 메틸화 패턴을 안정화하며, 우울증 및 불면의 위험을 감소시킵니다. 결국 주거환경은 단순한 편안함의 문제가 아니라, 유전자와 후성유전학적 균형을 유지하는 핵심 요소입니다.

후성유전학적으로 설계하는 실버타운

고령 인구를 위한 실버타운(senior living community)은 과거의 수동적 요양 시설에서 벗어나서 노화된 유전체의 반응성과 회복력을 자극하는 실험적 환경이 될 수 있습니다. 특히 실버타운이 주거 기능 외에 아래와 같은 후성유전학적 요소를 갖출 경우, 노화 속도를 늦추고 질병 위험을 줄일 수 있습니다.

- **정서적 안정 + 기억 유전자:** 정기적인 사회 활동과 대화, 예술 활동 등은 BDNF(brain-derived neurotrophic factor) 유전자의 발현을 촉진하며, 이는 신경세포 재생, 기억력 향상, 우울증 예방에 핵심 역할을 합니다.

- **자연과 햇빛 노출 + 수명 연장 유전자:** 자연 노출 빈도가 높은 환경에서는 SIRT1, SIRT6, FOXO3 등의 장수 유전자가 활성화되고, 산화 스트레스를 줄이는 경로를 통해 세포 노화를 늦추는 효과를 보입니다.
- **식사, 운동 리듬 + 대사 조절 유전자:** 규칙적인 식사 시간과 탄수화물은 줄이고, 식이섬유를 많이 섭취하는 저탄고섬유 식단은 PPARG, FTO, APOE 유전자에 긍정적 영향을 주며, 대사 증후군, 알츠하이머 위험도를 낮출 수 있습니다. 운동은 AMPK 경로를 통해 세포 에너지 대사 및 인슐린 감수성 관련 유전자를 재조율합니다.
- **수면의 질 + 염증 억제 유전자:** 수면 패턴이 안정되면, CRP, IL1β, IL6와 같은 염증성 사이토카인을 조절하는 유전자의 메틸화 상태가 개선되어, 전신 염증과 연관된 퇴행성 질환의 진행을 늦출 수 있습니다.

유전자의 사회적 백신, 커뮤니티

사회적 연결망은 단순한 삶의 질 향상 요소가 아닙니다. 최근 연구에 따르면, 사회적 고립은 흡연이나 비만만큼 치명적인 사망 위험 인자이며, 그 원인은 유전자의 작동 방식에까지 영향을 미치기 때문입니다. 고립된 사람은 스트레스 호르몬(코르티솔)이 증가하며, 면역 기능 유전자의 이상 활성화로 만성 염증 상태에 빠지기 쉽습니다. 반면, 사회적 교류가 활발한 사람은 옥시토신(유대 호르몬)과 도파민 경로가 활발해지며, CNR1, OXTR, DRD2 등 사회적 관계에 관여하는 유전자들이 활성화됩니다.

또한, 커뮤니티는 인지 자극과 감정 교류를 통한 뇌 기능 유지에 결정적인 역할을 하며, 이는 신경 퇴행을 지연시키는 후성유전적 보호 기전으로 이어질 수 있습니다. 따라서 실버 커뮤니티는 단순한 사회적 장치가 아니라, 유전자 기능을 보호하는 '사회적 백신'이라 할 수 있습니다.

미래의 주거공간

앞으로의 주거공간은 AI 기술과 유전체 데이터가 결합된 형태로 진화할 것입니다. 예를 들어, 개인의 유전형 및 후성유전적 감수성을 바탕으로 아래와 같은 맞춤형 설계가 가능해질 것입니다. 예를 들면, 미토콘드리아 기능이 약한 사람에게는 자연광과 적외선 조명 기반의 회복 공간 설계를 하고, 스트레스 유전자에 민감한 사람에게는 저소음, 자연음 기반의 수면 환경 설계를 할 수 있습니다. 또한 APOE4 보유자에게는 고혈당·과산화 스트레스 억제식 식단과 항염 기반 조리 환경 제공으로 치매 관련 위험도를 감소시킬 수 있으며, BDNF 유전자에 이상이 있는 사람에게는 정원 산책 코스, 미술/음악 프로그램이 포함된 주거 형태를 만들어 우울증을 예방할 수 있습니다. 이처럼 주거공간은 생명과학 기반의 정밀주거 플랫폼(precision living)으로 변화하고 있습니다.

공간과 연결되어 있는 유전자

"유전자는 숙명이다."라는 말은 이제 과거의 이야기입니다. 우리의 유전자는 우리가 숨 쉬는 공기, 받는 햇살, 함께 웃는 사람, 그리고 매일 머무는 공간에 따라 끊임없이 반응하고 조절됩니다. 유전자는 단지 몸속의 암호가 아니라, 환경과 소통하며 삶을 재설계하는 능동적 메신저입니다다. 여러분의 유전자는 지금 어떤 환경 속에서 살아가고 있습니까? 그 공간은 여러분의 장수 유전자를 활성화하고, 세포 노화를 늦추는 방향으로 후성유전적 조율을 해주고 있습니까?

100세 시대, 장수는 더 이상 운이 아니라 설계 가능한 과학입니다. 그리고 그 과학은 유전체 분석이나 병원 진단에서만 실현되는 것이 아닙니다. 집의 창문을 통해 들어오는 빛, 주방에서의 식사 습관, 거실에서 나누는 대화, 마을의 산책길과 커뮤니티에서의 관계 속에서 조용히 작동하고 있습니다. 당신이 선택한 주거환경은, 당신의 유전자를 켤 수도 있고, 끌 수도 있습니다.

이제 우리는 새로운 질문을 던져야 합니다. 즉, "나는 어디에서 늙어갈 것인가?"가 아니라, "나는 어떤 공간에서 젊음을 유지할 것인가?"를 물어야 합니다. 장수는 과학이 되었습니다. 그리고 그 과학은 우리의 집안과 커뮤니티 속에서 조용히 실현될 것입니다.

"주거환경은 유전자의 발현을 결정하고,
커뮤니티는 생명을 연장하는 또 하나의 유전자입니다."

사랑의 게놈 나침반

사랑은 우연일까, 유전자의 선택일까?

우리는 흔히 사랑을 '운명'이라 부릅니다. 첫눈에 반한 순간, 설명할 수 없는 끌림을 느낄 때, 우리는 이를 신비롭고 비합리적인 감정으로 받아들입니다. 그러나 과학은 사랑조차도 우연이 아니라 어느 정도 유전자의 작용일 수 있다는 놀라운 사실을 제시합니다.

특히 최근 20여 년간 진행된 연구들은 유전자와 사랑, 연애, 결혼의 선택 사이에 분명한 연관성이 존재한다는 것을 밝혀냈습니다. 다시 말해, 우리가 누구에게 매력을 느끼고, 어떤 사람과 안정된 관계를 맺는지는 단순한 심리적 요인이 아니라 유전적 코드에 의해 부분적으로 조율되고 있을지도 모른다는 것입니다.

MHC 유전자: 다른 냄새에 끌리는 이유

가장 많이 연구된 사례 중 하나는 바로 MHC(Major Histocompatibility Complex, 주요 조직 적합성 복합체) 유전자입니다. MHC는 우리 몸의 면역 시스템을 구성하는 매우 중요한 유전자로, 바이러스나 박테리아에 대응하는 면역 반응을 조율하는 역할을 합니다. 흥미롭게도, 여러 연구에서 인간을 포함한 동물들은 자신과 MHC 유전자가 다른 상대에게 더 강한 매력을 느낀다는 사실이 밝혀졌습니다. 그 이유는 명확합니다. 서로 다른 면역 유전자를 가진 부모가 아이를 낳으면, 그 아이는 더 다양한 면역 체계를 가지게 되어 생존 가능성이 높아지기 때문입니다.

1995년 스위스에서 진행된 유명한 '땀 냄새 실험'에서는 여성 참가자들에게 여러 남성들의 땀 냄새가 밴 티셔츠를 맡게 했습니다. 그 결과 여성들은 자신과 MHC 유전자가 가장 다른 남성의 냄새를 가장 매력적으로 평가했습니다. 즉, '그 사람의 향기에 끌린다.'라는 직감적인 감정은, 실제로는 유전자 다양성을 추구하는 본능적인 선택일 수 있다는 것입니다.

사랑 호르몬과 유전자: 옥시토신 수용체 OXTR

또한 옥시토신(oxytocin), 일명 '사랑 호르몬'이라 불리는 물질 역시 유전자와 밀접한 관련이 있습니다. 옥시토신은 애착, 신뢰, 유대감을 강화하는 데 중요한 역할을 하는 신경전달물질로, 연애 초기와 결혼 생활의 안정성에 큰 영향을 미칩니다.

특히 옥시토신 수용체 유전자(OXTR)의 변이에 따라, 사람 간 신뢰 수준, 공감 능력, 친밀감을 느끼는 강도 등이 달라진다는 연구 결과가 있습니다. OXTR 유전자의 특정 변이를 가진 사람들은 더 빠르게 신뢰를 쌓고, 관계를 안정적으로 유지할 가능성이 높은 것으로 나타났습니다. 이 말은, 어떤 사람은 본능적으로 깊은 관계를 쉽게 맺고, 또 어떤 사람은 관계에 거리감을 느끼는 경향이 있을 수 있다는 것을 뜻합니다.

도파민과 사랑의 모험심: DRD4 유전자

한편, 사랑에 모험을 추구하는 경향 역시 유전적 기반을 가질 수 있습니다. DRD4라는 도파민 수용체 유전자는 새로움에 대한 욕구와 관련이 있는데, 이 유전자의 특정 변이를 가진 사람들은 새로운 사람을 만나는 것을 즐기고, 모험적인 연애를 선호하며, 때로는 관계에서 쉽게 지루함을 느끼는 경향이 있는 것으로 나타났습니다. 이러한 특징은 연애 스타일에도 분명한 차이를 만들어 낼 수 있습니다. 안정성과 장기적 헌신을 중시하는 타입과 새로운 경험을 찾는 타입의 차이는 단순한 성격 차이를 넘어 도파민 관련 유전자의 차이일 수도 있습니다.

우리는 자유의지를 가졌을까

이쯤 되면 다소 섬뜩한 질문이 떠오릅니다. "그럼 내가 사랑에 빠진 것도 유전자가 결정한 것일까?" 정답은 "부분적으로 그렇다."입니다. 유전자는 우리가 사랑을 느끼는 기본적인 경향성과 감정 반응을 조율할 수 있습니다. 그러나 인간은 환경, 경험, 사회적 가치관, 그리고 자유의지를 통해 이러한 본능적 경향을 조정하거나 극복할 수 있는 존재이기도 합니다. 결국 유전자는 사랑의 무대를 마련해 줄 뿐이며 그 무대 위에서 어떤 이야기를 써 내려갈지는 우리 자신의 선택에 달려 있습니다.

유전자와 사랑

우리는 종종 사랑을 이성과 논리를 초월한 감정이라 여기며, 유전이나 과학의 영역과는 전혀 관련 없는 것으로 생각합니다. 그러나 과학은 조용히, 그러나 확실하게 말하고 있습니다. 사랑이란 감정조차도 우리 몸 속 깊은 곳, 유전자의 흐름 안에 일부 그 흔적이 새겨져 있다고. MHC 유전자가 우리를 특정한 사람의 향기에 더 끌리게 만들고, OXTR 유전자가 누군가와의 신뢰를 더 쉽게 형성하게 하며, 도파민 수용체 유전자는 어떤 사람에게는 설렘이 더 오래 지속되도록 합니다. 어쩌면 우리는 이미, 우리의 유전자 속에 새겨진 '사랑의 언어'를 따라 누군가를 향해 나아가고 있었는지도 모릅니다.

하지만 이 모든 과학적 설명에도 불구하고 중요한 사실이 하나 있습니다. 사랑은 오직 유전자의 작품만은 아니라는 것입니다. 우리가 성장하면서 경험하는 가족, 친구, 첫사랑, 사회적 규범과 문화, 그리고 우리 스스로의 선택이 모여 사랑의 방향을 결정짓습니다. 유전자는 단지 가능성의 스케치를 그릴 뿐, 그 위에 색을 입히고 이야기를 써 내려가는 것은 우리의 자유의지와 경험, 그리고 감정입니다.

과학은 사랑의 본질을 훼손하기 위해 존재하는 것이 아닙니다. 오히려 그 신비함을 더욱 깊이 이해하고, 우리가 왜 사랑에 빠지는지, 왜 어떤 관계는 특별한지, 왜 이끌림이 생기는지를 더 정교하게 인식하게 해주는 창입니다. 사랑이 과학과 만날 때, 우리는 감정과 논리, 본능과 지성이 교차하는 지점에서 인간이라는 존재의 아름다움을 더욱 진하게 느낄 수 있습니다.

결국 유전자가 우리에게 무대를 제공한다면, 그 위에서 어떤 사랑을 연주할 것인지는 온전히 우리의 몫입니다. 우리가 스스로 선택하고, 배워 가고, 지켜 나가는 그 사랑이야말로, 어떤 유전자도 대신할 수 없는 진짜 이야기일 것입니다.

"사랑은 단순한 감정이 아니라, 유전자가 다음 세대로 건너가기 위해 발명한 가장 정교한 생물학적 전략입니다."

황혼 이혼을 하는 이유

유전자의 전략, 인생 후반기의 반전

요즘 들어 황혼 이혼이 증가하고 있습니다. 결혼 20년, 30년이 넘은 부부들이 "우리는 결국 맞지 않았다." "성격 차이가 너무 크다."라는 이유로 이혼을 선택하는 사례가 늘었지요. 과연 이들은 처음부터 맞지 않았던 걸까요? 그런데도 왜 결혼을 했고, 자녀를 낳고 함께 긴 세월을 살아왔을까요? 그 해답은 놀랍게도 우리의 유전자에 있습니다.

다른 유전자를 향한 '끌림'

우리는 사랑과 결혼, 그리고 자녀 출산이라는 인생의 큰 결정들을 흔히 감정이나 운명으로 설명하곤 합니다. 하지만 생물학적으로 보면 이 모든 행위는 자신의 유전자를 다음 세대로 전달하기 위한 전략적 행동입니다. 그리고 이 전략은 단순히 나와 비슷한 유전자를 가진 상대가 아니라, 나와 유전적으로 다른 사람에게 더 강한 매력을 느끼도록 프로그래밍되어 있습니다. 왜냐하면 서로 다른 유전자가 결합할수록 후대의 생존 가능성이 높아지기 때문입니다. 이로 인해 사람은 '이질적'인 유전자를 가진 이성에게 강한 호감을 느끼는 경향이 있습니다. 실제로 일부 유전자 궁합 검사는 나와 가장 유전적으로 다른 상대에게 더 큰 이성적 매력을 느낄 가능성을 예측하는 데 사용되며, 그 정확도 또한 상당히 높은 것으로 보고되고 있습니다.

이끌림은 강했지만, 성격은 달랐다

그래서 우리는 주변에서 자주 봅니다. "어떻게 저렇게 다른 사람이 부부가 되었을까?" 한 사람은 조용하고 계획적인데, 다른 사람은 외향적이고 즉흥적입니다. 한 사람은 집에 있기를 좋아하는데, 다른 사람은 늘 밖으로 나가야 기분이 풀립니다. 이러한 차이는 우연일까요? 그렇지 않습니다. 젊은 시절에는 이러한 '다름'이야말로 강한 이성적 매력의 원천이었고, 유전자는 그런 상대를 선택하도록 인간을 이끌었기 때문입니다. 그렇게 우리는 서로 너무 다른 사람과 연애를 하고, 결혼을 하고, 자녀를 낳습니다. 그것은 유전자의 관점에서 보면 탁월한 생존 전략이지요.

인생 후반, 유전자의 목적은 끝

문제는 그 다음입니다. 자녀를 낳고, 생식의 시기를 지나 갱년기 이후, 인생의 후반기가 시작되면 상황이 달라집니다. 더 이상 유전자는 자식을 남기기 위한 전략을 수행할 필요가 없습니다. 그때부터는 생활의 안정, 정서적 교감, 일상의 평온함이 더 중요해지지요. 그러니 이제 상대방의 '다름'은 매력이 아니라 충돌의 원인이 됩니다. 말투, 습관, 식성, 취미 가치관이 서로 너무 다르고, 그 다름이 피곤을 넘어 불화로까지 발전하기도 합니다. 젊었을 때는 설렘이었지만, 이후 짜증과 갈등으로 바뀝니다. 결국 많은 이들이 이렇게 말합니다. "우린 원래 안 맞았던 거야." "이제는 나와 잘 통하는 사람과 여생을 보내고 싶어."

유전자가 설계한 매력과 파트너십의 이중성

유전적으로 본다면 배우자는 두 가지 역할을 합니다. 먼저 이성적 매력을 느끼게 해 자녀를 낳게 하는 '생식 파트너', 그리고 인생을 함께 살아가는 '정서적 동반자'입니다. 문제는 이 두 역할이 반드시 같은 사람에게서 동시에 충족되지 않는다는 것입니다. 유전자적으로 매우 다른 상대는 초기에 큰 이성적 끌림을 제공하지만 장기적 관계에서 충돌할 확률이 높습니다. 반대로 유전적으로 유사하거나 성향이 비슷한 상대는 이성적 자극은 약할 수 있지만, 오랜 시간 정서적 안정과 생활의 안정을 제공할 수 있습니다.

당신의 결혼도 이혼도 유전자의 선택

지금의 당신 배우자가 너무 다르다고 느껴질지라도 젊은 시절의 당신은 분명 그 다름에서 강한 끌림을 느꼈을 것입니다. 그리고 자녀를 낳고 지금의 가정을 만들었을 것입니다. 그것은 바로 당신의 유전자가 선택한 전략입니다. 황혼의 불만은 그 전략의 연장이 아니라 전환점의 결과일 뿐이지요. 이제는 새로운 전략이 필요할지도 모릅니다. 그것은 단지

'맞는 성격'을 찾는 것이 아니라 서로의 다름을 이해하고 동반자적 관계로 재정립하는 과정이라 할 수 있습니다.

황혼 이혼은 단지 성격 차이의 문제가 아니라 인간 유전자의 생식 중심 전략에서 동반자 중심 전략으로의 전환 실패일 수 있습니다. 따라서 부부 관계도 인생의 시기별로 그 목적과 접근이 달라져야 하며, 이성적 매력과 정서적 동반자성은 서로 다른 유전적 메커니즘에서 비롯된다는 사실을 이해할 필요가 있습니다.

"처음엔 끌림, 이제는 갈등…
유전자가 설계한 우리의 사랑과 이별."

사회성의 유전자:
'공감'은 어떻게 진화했는가

공감은 약한 존재가 선택한 생존 전략

　진화의 세계는 냉혹한 투쟁의 장으로 그려지곤 합니다. 생존을 위해 서로 경쟁하고, 적자만이 다음 세대로 유전자를 남긴다는 다윈의 원리는 오랫동안 진화의 기본 원리로 받아들여져 왔습니다. 그렇다면 묻고 싶습니다. 왜 인간은 서로를 돕고, 울고, 감정을 나누며, 심지어 자신의 이익을 포기하면서까지 타인을 위해 희생할 수 있을까요? 이러한 행동은 겉으로 보기에 비효율적이며, 생존에 불리한 전략처럼 보입니다. 하지만 바로 그 '비효율성' 속에 인간이라는 종이 택한 진화의 방향성이 숨겨져 있습니다. 그것이 바로 '공감(empathy)'이라는 유전적 프로그램입니다.

사회성을 만드는 유전자, 그 진화적 기원

공감과 관련된 유전자로 가장 많이 연구된 것은 옥시토신 수용체 유전자(OXTR)입니다. 옥시토신은 흔히 '사랑의 호르몬' 또는 '유대의 호르몬'이라고도 불리며, 신뢰, 포옹, 협동, 양육 등의 행동과 밀접하게 관련된 신경전달물질입니다. 이 호르몬에 반응하는 수용체 유전자의 변이는, 개인의 공감 능력, 사회적 민감도, 신뢰 행동 등에 영향을 미친다고 알려져 있습니다.

또한 AVPR1a, SLC6A4 등 다양한 유전자들도 감정 조절과 사회적 행동에 관여합니다. 이들 유전자의 다양성은 개인 간의 성격 차이뿐 아니라, 문화 간의 사회적 행동 패턴 차이를 설명하는 데에도 단서를 제공합니다. 즉, 공감은 단순한 감정의 문제가 아니라, 뇌의 신경회로와 유전자가 함께 엮여 작동하는 생물학적 진화의 산물이라는 것입니다.

'공감'은 어떻게 생존에 유리했을까요

처음에는 부모와 자식 간의 애착 행동에서 시작되었을 가능성이 높습니다. 갓난아기는 생존 능력이 거의 없는 존재입니다. 부모가 오랜 시간 돌보고 보호하지 않으면 살아남을 수 없습니다. 인간은 특히 다른 동물에 비해 훨씬 더 오래 양육이 필요합니다. 따라서 타인의 감정과 필요를 이해하고, 돌보는 능력이 개체의 생존 가능성을 높이는 중요한 전략이 되었던 것입니다.

이후 이 유전적 특성이 혈연을 넘어 확장되기 시작합니다. 친족선택(kin selection)이나 상호이타성(reciprocal altruism)의 이론처럼, 유전적으로 가까운 타인, 혹은 미래에 보상받을 수 있는 타인을 위해 이타적인 행동을 하는 것이 장기적으로는 자신의 유전자 확산에 도움이 되었다는 해석이 제시됩니다. 결국 공감은 집단 내 신뢰와 협력의 촉진제로 작용하며, 인간이라는 종이 초사회성(hyper-sociality)을 발전시키는 핵심 기제가 되었던 것입니다.

공감의 생물학적 스펙트럼

공감은 인간만의 고유한 능력은 아닙니다. 침팬지, 코끼리, 돌고래, 까마귀 등 고등한 사회적 구조를 가진 동물들 사이에서도 공감과 유사한 행동이 관찰됩니다. 예를 들어, 침팬지는 슬퍼하는 동료에게 다가가 팔을 두르고 위로하는 모습을 보이며, 코끼리는 죽은 가족의 상아를 오랫동안 쓰다듬기도 합니다. 하지만 인간은 이 공감 능력을 언어와 도구, 문화와 제도로 확장해 전혀 새로운 차원의 사회를 만들어 냈습니다. 우리는 낯선 타인의 고통을 뉴스로 접하며 눈물을 흘리고, 수천 킬로미터 떨어진 이들의 고통을 함께 느끼며 행동합니다. 이처럼 공감은 시간과 공간을 넘어 전파되는 유일한 생물학적 감정이라 할 수 있습니다.

감정의 유전자는 윤리와 문명의 기초

공감 능력은 진화적으로 유리했을 뿐 아니라, 윤리와 문명의 기반을 마련한 유전적 출발점이기도 합니다. 우리가 '옳다.' '그르다.'라고 느끼는 도덕적 감정조차 타인의 감정을 감지하고 해석하는 능력에서 비롯되기 때문입니다. 철학자 데이비드 흄은 "이성은 감정의 하녀일 뿐"이라 했습니다. 유전자도 마찬가지입니다. 우리의 이성과 논리는, 결국은 공감이라는 생물학적 감정의 토대 위에서 작동하고 있습니다.

공감은 인간 유전자에 새겨진 가장 위대한 진화의 흔적

우리가 누군가의 고통을 마주할 때, 그것이 우리의 일이 아님에도 마음이 흔들리는 이유는 무엇일까요? 왜 우리는 때때로 이익도 없는 일에 눈물 흘리고, 지극히 이타적인 행동을 선택하게 될까요? 그것은 공감이 우리의 감정 속에 존재하는 것이 아니라 우리의 유전자에 각인된 정보이기 때문입니다. 공감은 감정이기 이전에 생존 전략이었고, 사회적 연결의 토대였으며, 결국 인간이라는 종의 문명을 가능케 한 '유전적 진화의 정수'입니다.

우리는 오랜 시간 동안 공감이라는 무기를 통해 생존을 넘어, 의미 있는 삶을 추구하는 존재로 발전해 왔습니다. 경쟁이 아니라 연대를 통해, 폭력이 아니라 위로를 통해 우리는 진화했습니다. 그리고 그 증거는 단지 철학과 역사 속에만 있는 것이 아니라 지금 이 순간도 우리의 신경회로와 유전체 속에 조용히 숨 쉬고 있는 것입니다.

"공감은 진화의 여백이 아니라, 중심입니다.
인간은 생각하는 존재일 뿐 아니라, 함께 느끼는 존재로 설계된 생명체입니다."

유전자의 언어로 설명하는 불안

불안은 감정인가, 생존의 기억인가

우리는 종종 이유 없이 불안을 느낍니다. 아무도 나를 위협하지 않고, 당장 문제가 생긴 것도 아닌데도 가슴이 두근거리고, 머릿속은 멈추지 않는 걱정으로 가득 찹니다. 많은 이들이 이를 성격이나 환경 탓으로 돌리곤 합니다. 하지만 생명과학은 여기에 더 깊은 답을 줍니다. 불안은 단지 감정이 아니라 유전자의 언어로 기록된 생존을 위한 기억일 수 있습니다.

유전자에 각인된 '위험 감지 시스템'

인간의 조상은 수백만 년 동안 맹수와의 사투, 기후 변화, 식량 부족 같은 극한의 환경을 살아남아야 했습니다. 이런 생존의 여정 속에서 위험을 빠르게 감지하고 회피하는 능력은 매우 중요했습니다. 실제로 인간의 뇌는 위협에 훨씬 더 민감하게 반응하도록 설계되어 있습니다. 특히 편도체(amygdala)라는 뇌 구조는 공포와 불안 반응의 중심으로, 이 기능을 조절하는 유전자들이 밝혀지고 있습니다. 대표적으로 SLC6A4 유전자는 세로토닌의 재흡수를 조절하는 유전자이며, 이 유전자의 특정 변이를 가진 사람은 스트레스에 더 민감하고 불안장애에 취약하다는 연구 결과가 있습니다. 또한 COMT 유전자는 도파민 대사를 조절하는데, 이 유전자의 활동성이 낮은 사람들은 스트레스 상황에서 불안 반응이 더 강하게 나타날 수 있습니다.

세대를 건너 뛰는 불안

더 놀라운 사실은 불안이 유전자의 염기서열 변화 없이도 '기억'될 수 있다는 것입니다. 이것이 바로 후성유전학의 영역입니다. 예를 들어, 전쟁이나 트라우마를 겪은 부모 세대의 경험이 DNA 메틸화 같은 후성적 변화를 통해 자녀에게까지 전달될 수 있다는 연구들이 보고되고 있습니다. 즉, 우리가 설명할 수 없는 불안의 그림자는, 실제로는 조상 세대가 겪은 고통의 흔적일 수 있습니다.

불안을 이기는 법: 유전자와의 대화

불안을 유전자의 문제로만 보게 되면, 우리는 운명론적 무력감에 빠질 수 있습니다. 하지만 생물학은 그렇게 단순하지 않습니다. 유전자는 환경과 끊임없이 대화하며, 우리의 선택과 행동에 따라 발현이 달라질 수 있는 존재입니다. 규칙적인 운동, 명상, 건강한 식습관, 사회적 연결망

등은 실제로 세로토닌, 도파민, 옥시토신 같은 신경전달물질의 밸런스를 개선하고, 불안 관련 유전자의 발현도 조절할 수 있습니다. 심지어 최근에는 DNA 기반의 개인 맞춤 심리치료나 유전형에 맞춘 약물 치료(약물유전체학)도 가능해지고 있습니다.

불안은 진화의 흔적이자 창조의 불씨

인간의 불안은 오랜 진화의 유산입니다. 그것은 사자의 포효, 식량의 고갈, 부족 간의 전쟁 같은 실존적 위협에 대응하기 위한 유전적 경보 장치였습니다. 그 시대에 불안을 느끼지 않는다는 것은 곧 생존 가능성을 포기하는 것이나 다름없었고, 그 결과 불안에 민감한 유전자들이 자연스럽게 후손에게 더 많이 전해졌습니다. 하지만 지금은 어떻습니까? 현대 사회는 과거보다 훨씬 안전하고 풍족한 환경을 갖추고 있습니다. 우리는 더 이상 밤마다 맹수의 위협에 떨 필요도 없고, 매일 먹을 것을 걱정하지 않아도 됩니다. 전기와 인터넷이 깃든 집, 진단과 치료가 가능한 의료 시스템, 그리고 정보를 실시간으로 얻을 수 있는 기술이 우리를 둘러싸고 있습니다. 다시 말해, 생물학적으로 설계된 불안 시스템은 여전히 작동하고 있지만 그 대상은 더 이상 존재하지 않는 경우가 많습니다.

새로운 가능성을 위한 불안

그럼 이제 불안은 어디로 향해야 할까요? 우리는 과거의 유전적 경보 시스템을 새로운 목적을 위해 재구성해야 할 시대에 살고 있습니다. 더 이상 불안을 회피와 방어로만 사용하지 말고, 창조와 혁신의 자극으로 전환해야 합니다. 불안은 본래 미래에 대한 예측 불가능성에서 비롯된 감정입니다. 그러나 예측할 수 없다는 것은 곧 무한한 가능성이 열려 있다는 의미이기도 합니다. 과거에는 '위협'을 예측하기 위해 불안을 사용했다면, 이제 우리는 '가능성'을 탐색하기 위해 그것을 활용할 수 있습니다.

예술가의 창조적 고뇌, 기업가의 혁신적 도전, 과학자의 직관적 상상 이 모든 것의 출발점에는 '불편한 감정'이라는 공통된 불씨가 있습니다. 그리고 현대 사회의 불안은 억제의 대상이 아니라, 이해의 대상이며, 다시 설계 가능한 감정이라는 사실을 오늘날의 유전학과 후성유전학, 뇌과학은 우리에게 말합니다.

"과거 불안은 생존의 무기였으나 이제는 두려움이 아니라, 새로운 창조의 다른 이름이 될 수 있습니다."

시크릿: 끌림의 법칙, 유전자의 눈으로

상상이 만든 운명

2006년, 론다 번(Rhonda Byrne)의 『시크릿(The Secret)』이라는 책이 전 세계적으로 돌풍을 일으켰습니다. 이 책의 중심 메시지는 단순했습니다. "당신이 간절히 원하는 것을 생각하고 믿으면, 그것이 현실이 된다." 이른바 '끌림의 법칙(law of attraction)'이라 불리는 이 개념은 수많은 독자에게 꿈과 희망을 주었지만 동시에 비과학적이라는 비판도 받았습니다. 하지만 만약 이 '끌림의 법칙'을 유전자의 언어, 특히 후성유전학과 진화생물학의 틀로 다시 해석한다면 어떨까요? 당신의 생각이 단순한 환상이 아니라, 실제로 당신의 유전자 발현에 영향을 미치는 생물학적 신호라면, 이 이야기는 단순한 자기계발서가 아닌 분자생물학의 이야기가 됩니다.

생각은 뇌에서 끝나지 않는다

사람은 매일 6만 번 이상의 생각을 한다고 합니다. 대부분은 무의식적인 반복이지만, 그 안에서 나를 규정하는 핵심 신념(core belief)은 매우 강력한 생리적 파장을 일으킵니다. 긍정적인 생각을 자주 하는 사람의 뇌에서는 도파민, 세로토닌, 옥시토신과 같은 신경전달물질이 활성화되고, 이러한 호르몬들은 단지 기분을 좋게 하는 것을 넘어서, 전신의 유전자 발현 환경 자체를 바꾸어 놓습니다. 이것은 단순한 뇌 반응이 아닙니다. 생각은 뇌 속에서 전기 신호와 화학 반응으로 시작되지만, 그 신호는 곧 전신 세포로 확산되어 유전자의 스위치를 켜고 끄는 '후성유전학적 지시'로 이어지게 됩니다.

마음과 유전자의 대화

후성유전학이란 DNA의 염기서열을 바꾸지 않고 유전자의 활성과 억제를 조절하는 시스템을 말합니다. 여기서 주목할 점은 후성유전적 변화가 매우 민감하게 외부 환경에 반응한다는 것입니다. 그리고 그 외부 환경에는 '영양', '수면', '운동'과 함께, '정신적 자극', 즉 생각과 감정이 포함됩니다. 예를 들어, 만성 스트레스를 받는 사람은 코르티솔이 과도하게 분비되어 면역 관련 유전자들이 억제되거나, 염증 관련 유전자들이 과도하게 활성화될 수 있습니다. 반면, 감사, 기쁨, 기대와 같은 긍정적 정서는 이러한 유전자의 반응을 완화하거나 반전시킬 수 있다는 연구들이 축적되고 있습니다.

끌림은 곧 '조율'

끌림의 법칙은 사실상 "생각이 세상을 끌어온다."고 말하지만, 생물학적 시각으로 보자면 "생각이 나를 바꾸고, 바뀐 내가 세상을 바꾼다."는 말이 더 정확할 수 있습니다. 우리는 스스로 인식하지 못하더라도 생각을 통해 내 몸 안의 유전자 발현 패턴을 조율하고 있습니다. 그리고 이 조율은 내 행동, 판단, 반응, 표정, 에너지, 관계에 이르기까지 수많은 현실의 작은 조각들을 바꾸어 놓습니다. '현실'이란, 단지 외부의 물리적 조건이 아니라 '내가 어떤 상태로 살아가는가?' 하는 생물학적, 심리적 반응의 총합일 수 있습니다. 이 의미에서 끌림의 법칙은 곧 유전적 자기 조율의 원리라 볼 수 있습니다.

마음의 적응으로부터 시작되는 진화

더 나아가 이런 후성유전적 변화는 단지 개인의 생애에 국한되지 않습니다. 최근의 연구들은 후성유전적 변화가 다음 세대에도 일부 전달될 수 있음을 시사합니다. 이를 '적응적 후성유전(adaptive epigenetic inheritance)'이라고 하며, 마치 '기억되는 환경 반응'처럼 작동합니다. 즉, 지금 내가 갖고 있는 어떤 생각과 신념이 나의 생식세포나 초기 배아 단계에서 유전자의 발현 패턴에 영향을 미친다면, 그것은 '유전'의 정의를 다시 써야 할 일입니다.

생각은 유전을 결정하지 않지만, 유전자의 운용 설명서를 다시 작성할 수 있습니다. 이러한 관점에서 보면, 긍정적인 사고와 희망을 품는 태도는 진화적 생존전략의 일부로 볼 수 있습니다. 내면의 반응이 유전자의 운용 방식을 바꾸고, 그 변화가 자손에게 전달되어 더 나은 생존 조건을 유도할 수 있기 때문입니다.

'끌림의 법칙'은 공상이 아닌 생명의 언어

이제 우리는 알 수 있습니다. 『시크릿』이 말하는 끌림의 법칙은 결코 허무맹랑한 환상이 아닐 수 있습니다. 그것은 후성유전체 수준에서 관찰되는 생물학적 실체이며, 생각이 단순한 정신적 활동이 아니라 신체의 유전적 작동 방식에 지시를 내리는 생리학적 언어임을 말해 줍니다. 우리는 '운이 좋은 사람'이나 '자기암시에 강한 사람'이 아니라 자신의 생각으로 유전자의 스위치를 의도적으로 조율하는 존재일 수 있습니다. 마치 오케스트라의 지휘자처럼 당신은 매일 아침 어떤 음악을 연주할지 선택합니다. 그 악보는 바로 당신의 유전자이며, 그 지휘봉은 바로 당신의 생각입니다.

참고 도서: The Secret - Rhonda Byrne

"생각은 에너지입니다. 에너지는 유전자를 변화시킬 수 있습니다.
그 변화가 곧 당신의 현실이 됩니다."

IQ는 타고나는 걸까

지능이란 무엇인가

'IQ'는 지능지수(Intelligence Quotient)의 약자입니다. 수치로 표현되지만, 실제 지능은 문제 해결 능력, 언어적 이해력, 기억력, 창의력, 추론 능력 등 다양한 인지 영역의 복합체입니다. 그렇다면 이런 지능은 과연 유전되는 것일까요, 아니면 후천적 경험으로 형성되는 것일까요? 수십 년간 이어져 온 이 질문은 이제 유전체학과 후성유전학의 발전으로 더 구체적인 답변을 내놓고 있습니다.

지능의 유전율: 쌍둥이 연구가 보여 준 놀라운 결과

과학자들은 수많은 쌍둥이 연구를 통해 지능의 유전적 영향을 탐구해 왔습니다. 그 결과 일란성 쌍둥이(100% 유전자가 동일)는 이란성 쌍둥이보다 지능 유사도가 훨씬 높았으며, 이란성 쌍둥이는 일반 형제보다 더 유사한 지능을 보였습니다. 통계적으로 볼 때, IQ는 약 50~80% 정도가 유전적 영향을 받는 것으로 추정됩니다. 특히 나이가 들어갈수록 유전적 영향이 더 커진다는 연구도 있습니다. 이는 시간이 지남에 따라 환경의 차이보다 개인의 고유한 유전적 특성이 더 뚜렷하게 드러난다는 의미입니다. 하지만 이 수치가 '지능은 타고나는 것이 전부'라는 뜻은 아닙니다. 오히려 유전자와 환경이 동시 작용하며, 그 균형이 지능의 발현을 결정하는 복합적 구조를 갖고 있다는 사실을 알려 줍니다.

IQ 유전자란 존재할까

최근 대규모 유전체 연구(Genome-Wide Association Study: GWAS)를 통해 지능과 연관된 유전자가 수백 개 이상 보고되었습니다. 그중 대표적인 유전자들은 CHRM2(시냅스 기능과 관련, 정보 처리 능력에 영향), DTNBP1, COMT(작업 기억력과 실행 기능에 관여), FOXP2(언어 처리 능력과 관련 있음), NPTN(뇌의 회색질 두께와 관련) 알려져 있습니다. 하지만 중요한 점은, 이들 유전자 하나만으로 IQ를 예측할 수 없다는 것입니다. 지능은 수백 개의 유전자가 조금씩 복합적으로 작용하는 다유전자성(polygenic trait)입니다. 즉, 유전자는 '가능성의 기초'일 뿐, 그 가능성이 실현되는지는 전적으로 환경과의 상호작용에 달려 있습니다.

환경은 유전적 지능을 키울 수 있는가

유전자는 지능의 잠재력(potential)을 설정하지만, 그것이 어떻게 발현되느냐는 환경의 힘에 달려 있습니다. 그 대표적인 예가 바로 플린 효과(Flynn effect)입니다. 플린 효과는 전 세계적으로 세대가 바뀔수록 평균 IQ 점수가 꾸준히 상승해온 현상입니다. 이는 유전자가 진화한 것이 아니라, 교육의 기회 확대, 정보 접근성 증가, 영양 상태 향상, 사회 전반의 인지적 자극 증가 등 환경 변화가 IQ 향상에 기여했다는 강력한 증거입니다. 또한, 초기 아동기의 부모의 언어 자극, 독서 습관, 정서적 안정성 등은 지능 발달에 결정적인 영향을 미치는 것으로 알려져 있습니다.

유전자의 스위치를 켜고 끄는 환경

환경은 단지 외부 조건이 아닙니다. 후성유전학은 환경이 유전자 발현 자체에 영향을 줄 수 있음을 보여 줍니다. 예를 들어, 스트레스를 많이 받는 환경에서 자란 아동은 인지 발달과 관련된 유전자들의 발현이 억제될 수 있고, 반대로 긍정적 자극이 많을 경우 기억력, 학습능력 관련 유전자의 활성화가 촉진될 수 있습니다. 즉, 지능의 유전적 소인이 존재하더라도, 양육 환경, 교육, 사회적 경험을 통해 유전자 스위치가 켜지거나 꺼질 수 있다는 것입니다.

지능은 '운명'이 아니라 '가능성'

우리는 모두 서로 다른 유전적 지능의 기반을 갖고 태어납니다. 하지만 그 기반 위에 어떤 경험을 쌓고 어떤 환경에서 자랐는지가 결국 실제 지능의 모습과 활용도, 그리고 평생의 학습력을 결정하게 됩니다. 지능은 유전자와 환경이 춤추듯 상호작용하는 동적 구조입니다. 즉, 태어난 그대로가 아니라 학습하고 적응하며 성장할 수 있는 유연한 가능성이라는 점이 중요합니다.

지능은 타고 나는가

'지능은 타고나는가?'라는 질문은 단순히 누가 더 똑똑한지를 가르는 것이 아닙니다. 이 질문은 유전자가 우리의 가능성을 어디까지 정의하고, 환경과 경험이 그 가능성을 어떻게 실현해 줄 수 있는지를 묻는 정밀한 생물학적, 후성유전학적 물음입니다.

현대 유전학은 지능이 하나의 단일 유전자가 아닌, 수백 개 또는 수천 개 이상의 유전자들이 복합적으로 작용하는 다유전자성 형질(polygenic trait)임을 밝혀냈습니다. 이들 유전자는 기억력, 추론력, 언어 능력, 시공간 감각 등 다양한 인지 영역과 연관되어 있으며, 각 개인은 서로 다른 유전적 조합과 강점을 타고 태어납니다. 그러나 이러한 유전적 기반 위에 무엇이 발현되느냐는 전적으로 후성유전학의 영역입니다. 즉, 유전자는 단지 가능성을 암호화한 설계도일 뿐 그 유전자가 실제로 발현되느냐, 억제되느냐는 우리가 처한 환경, 자극, 정서적 경험, 학습 상황 등에 의해 결정됩니다.

이 점에서 지능은 고정된 속성이 아니라 환경과의 상호작용을 통해 확장되고 변화될 수 있는 유동적인 능력이라 할 수 있습니다. 특히 중요한 것은, 현대 사회가 과거처럼 단일한 기준의 '지능'만을 요구하지 않는다는 사실입니다. 오늘날의 사회는 과학, 예술, 기술, 언어, 신체, 공간, 감성 등 다양하고 특화된 형태의 능력과 지식이 서로 공존하고 연결되는 다지능(multidimensional intelligence)의 사회입니다.

이제 중요한 것은 '누가 더 똑똑한가?'가 아니라 '누가 자기 적성에 맞는 분야에서 자신의 유전적·인지적 강점을 어떻게 개발하고 발현시키는가?'입니다. 자신의 타고난 인지 패턴과 환경 반응을 이해하고, 그것에 맞는 학습 전략과 성장 경로를 찾아내는 능력, 즉 '지능을 키울 수 있는 지능', '학습하는 방법을 학습하는 능력'이야말로 미래 사회에서 가장 중요하고도 과학적인 자기 설계 전략이 될 것입니다.

결국 유전적으로 주어진 가능성의 지도인 지능을 어떤 방향으로 펼쳐 나가고, 어떤 영역에 초점을 맞추어 깊이를 만들어 갈지는 당신이 속한 환경, 그리고 스스로에 대한 인식과 선택에 달려 있습니다.

"지능은 유전자가 생존 확률을 높이기 위해 빚어낸 진화적 투자처이며, 인간은 그 수익률을 계산하는 데 능한 유일한 종입니다."

기억은 유전되는가

'기억'은 뇌에만 있는 것이 아니다

우리는 보통 기억(memory)을 개인의 뇌 속에 저장된 정보라고 생각합니다. 하지만 최근 생명과학은 이 오래된 상식을 뒤흔드는 놀라운 가능성을 제시하고 있습니다. 바로 후성유전학을 통해 경험이나 일부 기억이 유전될 수 있다는 가설입니다. "전쟁을 겪은 부모의 트라우마가 자녀에게도 영향을 줄 수 있을까?" "기억은 단지 '개인'의 것이 아니라 '세대 간에 전달되는 정보'일 수도 있는가?" 이제 우리는 기억이 단지 전기적 신호가 아니라 유전자 위에 새겨지는 흔적일 수 있다는 증거들을 마주하고 있습니다.

기억도 유전될 수 있다는 실험들

가장 충격적인 실험 중 하나는 2013년 미국 애틀랜타 에모리 대학교의 연구입니다. 연구진은 쥐에게 체리 향기와 함께 전기 충격을 반복적으로 주어 공포 반응을 학습시켰습니다. 이후 이 쥐의 자손(전기충격을 한 번도 경험하지 않은 세대)에게 체리 향기를 맡게 했더니, 동일하게 공포 반응을 보였습니다. 즉 자손의 뇌에서는 후각 수용체 관련 유전자의 메틸화 패턴이 변형되어 있었고, 이 유전적 변화는 정자에도 존재 했습니다. 이 결과는 "기억에 가까운 반응이 후성유전적으로 전달될 수 있다."는 것을 강하게 시사합니다.

인간에게도 가능할까?

후성유전적 트라우마는 홀로코스트 생존자, 9·11 테러 생존자, 기근을 겪은 세대의 후손들에 대한 연구에서도 나타났습니다. 네덜란드의 1944년 겨울 대기근을 겪은 여성의 자녀들은 당뇨병, 심혈관질환 위험이 높고, IGF2 유전자 메틸화 패턴이 달라져 있었습니다. PTSD를 앓는 부모를 둔 자녀들은 스트레스 호르몬 코르티솔 반응이 다르게 나타나는 경향이 있음이 보고되었습니다. 이러한 결과들은 기억 그 자체는 아닐지라도 경험의 생리학적 흔적이 다음 세대로 이어질 수 있다는 증거로 해석됩니다.

기억의 유전과 인간의 진화

이제 우리는 '기억'이라는 개념을 다시 정의해야 할지도 모릅니다. 단순히 개인의 뇌 속에서 소멸하는 정보가 아닌, 유전적으로 각인되어 세대 간에 전달되는 생물학적 각인 으로서의 기억. 만약 이 메커니즘이 인간 사회에 광범위하게 작동한다면, 진화는 더 이상 유전자 돌연변이에만 의존하지 않습니다. 사회적 경험과 환경이 유전체를 통해 빠르게 반영되고 전파될 수 있다면 인간은 전례 없이 빠른 진화를 겪게 될 수도 있습니다.

기억의 치료, 유전의 재설계

한편, 후성유전은 가역적이라는 점에서 희망적입니다. 특정 영양소(예: 엽산, 비타민 B12), 운동, 명상 등이 메틸화 패턴을 되돌릴 수 있음이 보고되고 있으며, 에피제네틱 약물(Epi drugs)은 암, 정신질환, 노화 방지 치료에도 활용되고 있습니다. 기억의 상처는 세대에 따라 전해질 수도 있지만, 그 기억을 치유하고 재설계하는 열쇠도 인간에게 있다는 것입니다.

조상의 기억

우리는 단순히 부모로부터 외모와 성격을 물려받는 것 이상으로 조상의 삶의 흔적을 유전자의 후성유전적 변형(epigenetic modifications)이라는 형태로 이어받고 있을 가능성이 있습니다. 전쟁의 공포, 기근의 고통, 깊은 상실의 경험, 심지어는 사랑의 흔적까지도 DNA 염기서열은 변하지 않더라도, 그 발현을 조절하는 메틸화와 히스톤 변형 등의 메커니즘을 통해 몸과 뇌에 생물학적으로 각인된 채 전달될 수 있다는 것입니다.

이는 후성유전학, 에피제네틱 유전 연구(epigenetic inheritance studies)에서 점점 더 구체적으로 밝혀지고 있는 과학적 사실입니다. 예를 들어,

한 세대가 겪은 극심한 스트레스는 HPA 축(hypothalamic-pituitary-adrenal axis, 스트레스 반응 경로)을 조절하는 유전자의 메틸화 패턴을 변화시켜 다음 세대의 스트레스 반응이 더 민감해질 수 있습니다. 이런 조절은 단지 감정적인 영향이 아니라, 호르몬 분비, 면역 반응, 뇌 발달 등 생리적 수준에서 뚜렷한 변화를 유도합니다. 이러한 현상은 인간의 진화와도 깊은 연관이 있습니다. 전통적인 진화 이론(neo-Darwinism)이 자연선택과 돌연변이에 의해 이루어지는 매우 느린 과정이라면, 후성유전적 조절은 단 몇 세대 안에 환경 변화와 경험에 적응할 수 있는 빠른 진화적 통로를 제시합니다.

"기억은 뇌에 저장되지만, 어떤 기억은 유전자의 스위치를 켜고 끄며 다음 세대의 본능으로 남습니다."

가난은 유전될 수 있을까

가난의 대물림에 관한 과학적 근거

'가난은 대물림된다.'는 말은 오랫동안 사회경제학적 담론에서 중요한 주제로 다루어져 왔습니다. 하지만 최근에는 이 표현이 단순히 경제적 자산의 이전이나 교육 기회의 격차를 의미하는 것을 넘어, 생물학적 수준에서도 설명될 수 있다는 연구 결과들이 등장하고 있습니다. 특히 후성유전학의 발전은 환경적 요인들이 세포와 유전자에 어떤 영향을 미치는지, 그리고 그 흔적이 세대 간에 어떻게 전달될 수 있는지를 탐구하는 데 중요한 단서를 제공하고 있습니다. 이는 빈곤이라는 복합적 환경적 스트레스가 단순한 사회적 현상을 넘어서, 우리 몸속의 유전자 발현 프로그램에까지 깊숙이 흔적을 남길 수 있다는 놀라운 가능성을 제시합니다.

유전자 발현 방식의 변화

우리가 부모로부터 물려받는 유전적 코드는 기본적으로 변하지 않습니다. 하지만 후성유전학은 유전자가 발현되는 방식, 즉 '어떤 유전자가 켜지고 꺼지는가'를 결정하는 조절 메커니즘이 삶의 경험과 환경에 따라 변화할 수 있음을 보여 줍니다. 이 조절 메커니즘에는 DNA 메틸화, 히스톤 변형, 비암호화 RNA 조절 등이 있으며, 모두 유전자 자체를 수정하지 않으면서도 그 발현 결과에 커다란 영향을 미칩니다.

결국 같은 유전자 청사진을 가진 사람이라도, 살아온 환경과 경험에 따라 전혀 다른 생리적, 심리적 특성을 가지게 될 수 있습니다. 빈곤이라는 지속적인 스트레스 환경은 이 후성유전적 조절에 강력한 압력을 가하여 특정 유전자의 발현 패턴을 장기적으로 변화시킬 수 있습니다.

빈곤이 유전자 발현을 바꾸는 방법

빈곤 상태는 단순히 소득이 적은 상황을 의미하지 않습니다. 빈곤은 영양 불균형, 의료 서비스의 부재, 열악한 주거환경, 사회적 소외, 만성적 스트레스 등 다양한 부정적 조건이 복합적으로 작용하는 환경입니다. 이러한 조건들은 모두 인체의 항상성에 심각한 부담을 주며, 특히 스트레스 반응계(시상하부-뇌하수체-부신축, HPA axis)에 강한 영향을 미칩니다. 코르티솔과 같은 스트레스 호르몬의 만성적 과잉 분비는 면역 기능을 억제하고, 뇌의 해마(기억과 학습 담당 부위) 발달을 저해하며, 전두엽의 의사결정 기능을 약화시키는 결과를 초래할 수 있습니다. 이러한 생리적 변화는 후성유전적 수준에서 스트레스 반응 관련 유전자(NR3C1, FKBP5 등)의 메틸화 패턴을 변화시키며, 이는 개인의 감정조절, 스트레스 적응력, 학습 능력 등 폭넓은 영역에 장기적인 영향을 미칩니다. 특히 이러한 유전자 발현 변화는 아동기와 청소년기와 같이 뇌가 발달하는 결정적 시기에 발생할 경우, 성인이 되어서도 쉽게 회복되지 않고 지속될 수 있다는 점이 중요합니다.

부모의 스트레스가 자녀의 유전자에 미치는 영향

후성유전학의 연구들은 더욱 충격적인 사실을 밝혀내고 있습니다. 바로 스트레스나 빈곤으로 인한 후성유전적 변형이 개인 차원에서 끝나지 않고, 생식세포(정자, 난자) 수준에서도 발생할 수 있다는 것입니다. 이는 부모 세대가 경험한 극심한 스트레스나 빈곤 상황이, 직접적으로 다음 세대의 유전자 발현 패턴에 영향을 미칠 수 있음을 시사합니다.

예를 들어, 제2차 세계대전 중 네덜란드에서 발생한 '기근 겨울' 동안 영양 결핍을 경험한 임산부들에게서 태어난 아이들은, 이후 심혈관 질환, 당뇨병, 정신질환에 걸릴 위험이 높아진 것으로 나타났습니다. 이들은 태어나면서부터 후성유전적 변형을 지닌 상태였던 것으로 분석되었습니다. 이와 유사하게, 전쟁, 학대, 극심한 빈곤을 경험한 세대의 후손들 역시, 스트레스 관련 유전자의 메틸화 패턴에서 차이를 보였다는 연구 결과들이 축적되고 있습니다. 이는 곧, 부모 세대의 삶의 조건이 단순한 물질적 유산을 넘어, 생물학적 흔적까지 함께 물려줄 수 있음을 의미합니다.

반전의 가능성: 후성유전자는 되돌릴 수 있다

하지만 후성유전학의 가장 강력한 메시지는, 이러한 변형이 '영구적'

이지 않다는 점에 있습니다. 후성유전적 조절은 환경에 따라 얼마든지 변화할 수 있으며, 심지어 회복될 수도 있습니다. 안정된 가정환경, 따뜻한 양육, 질 높은 교육, 건강한 생활습관, 긍정적 사회적 관계들은 모두 후성유전적 상태를 긍정적으로 변화시키는 요인들입니다.

실제로, 어린 시절 극심한 스트레스에 노출되었던 아이들이라도 사후에 긍정적인 환경에 노출되면 스트레스 호르몬 시스템이 조정되고, 감정 조절 능력과 학습 능력이 크게 향상된다는 연구들이 보고되고 있습니다. 이는 가난과 스트레스의 후성유전적 영향이 '운명'이 아니라, 지속적인 개입과 지원을 통해 극복 가능한 것임을 보여 줍니다.

유전자는 출발점일 뿐

이 모든 사실을 종합할 때 가난이 유전될 수 있다는 말은 부분적으로 사실임을 인정할 수 있습니다. 하지만 그 '유전'은 DNA 염기서열이라는 불변의 코드를 통해서가 아니라, 환경과 경험을 통해 덧붙여지는 후성유전적 흔적을 통해 이루어진다는 점을 이해하는 것이 중요합니다. 즉, 우리는 가난이 남긴 생물학적 흔적조차 극복할 수 있는 힘을 지니고 있습니다.

유전자는 주어진 출발점에 불과합니다. 그 유전자를 어떻게 발현시키고, 어떤 방향으로 나아갈 것인가는 개인, 가족, 사회 전체가 함께 만들어 가는 이야기입니다. 그렇기 때문에 한 아이의 미래는 현재 우리가 어떤 환경을 만들어 주느냐에 따라 얼마든지 달라질 수 있습니다. 가난이라는 낙인이 찍히더라도 그 낙인을 지우고, 새로운 가능성의 문을 여는 것은 여전히 우리의 손에 달려 있습니다.

가난은 단지 경제적 현상이 아니라, 인체의 생물학적 구조에까지 흔적을 남기는 강력한 힘입니다. 그러나 우리는 그 흔적을 인식하고, 이해하고, 적극적으로 대응할 수 있는 능력을 가지고 있습니다.

"당신이 받은 유전자는 책의 본문이지만, 그 책에 어떤 주석을 달고 어떤 미래를 써 내려갈지는 오롯이 당신과 당신이 속한 사회의 선택에 달려 있다."

유전자의 MBTI

MBTI는 나를 설명할 수 있는가

오늘날 많은 사람들이 MBTI라는 네 글자 조합으로 자신의 성격, 취향 그리고 적성을 설명합니다. ENFP, ISTJ, INTJ 등 네 가지 알파벳은 마치 현대인의 심리적 지문처럼 작동하며, 친구 관계, 연애, 직장생활에서까지 성격 유형에 대한 대화가 자연스럽게 이어집니다. 하지만 우리가 흔히 사용하는 MBTI는 설문지 기반의 심리검사입니다. 다시 말해 내가 느끼는 나 또는 타인에게 보이고 싶은 나를 반영한다는 점에서 본질적으로 '주관적인 나'에 가까운 측면이 있습니다.

이러한 설문 기반의 MBTI는 우리가 살아온 환경과 경험, 교육 수준, 문화적 가치관, 사회적 기대에 따라 달라질 수밖에 없습니다. 예를 들어, 내성적 기질을 지닌 아이가 외향적인 행동을 장려하는 환경에서 자란다면, 스스로를 외향적(E)이라고 인식할 수 있습니다. 또 사회적 압박이나 역할 기대에 의해 실제 기질과 다른 성향을 보이는 경우도 흔합니다.

유전자 기반 MBTI, 타고난 나의 청사진

반면 최근 유전체 분석 기술의 발달은 전통적인 성격검사와는 전혀 다른 접근을 가능하게 하고 있습니다. 바로 유전자 기반 성격 예측입니다. 수많은 과학 연구들은 도파민, 세로토닌, 노르에피네프린 등 신경전달물질을 조절하는 유전자들이 우리가 외향적인지, 감정에 민감한지, 즉흥적인지, 완벽주의적인지 등을 일정 부분 설명할 수 있다는 사실을 밝혀냈습니다.

예를 들어 DRD4 유전자의 특정 변이는 높은 탐험 성향과 외향성과 연관되며, 5-HTTLPR 유전자는 감정 조절 능력과 불안 민감도에 영향을 줍니다. COMT 유전자는 충동 억제, 계획성, 집중력 등에 관련이 있습니다. 이처럼 유전자 기반 MBTI는 후천적인 경험과 환경에 덜 영향을 받기 때문에, 보다 본질적이고 선천적인 성향을 탐색할 수 있는 도구로 주목받고 있습니다.

속담으로 본 성격의 유전학

한국에는 "3살 버릇 여든까지 간다." "천성은 못 고친다."는 오래된 속담이 있습니다. 이는 인간의 기질과 성격이 어릴 적 형성되거나 선천적으로 타고난 특성이 쉽게 바뀌지 않는다는 경험적 통찰을 담고 있지요. 놀랍게도 현대 유전학은 이 속담을 지지하는 방향으로 발전하고 있습니다. 일란성 쌍둥이를 대상으로 한 연구에서는 서로 다른 환경에서 성장했는데도 놀랄 만큼 비슷한 성격과 행동 특성을 보이는 사례가 보고되었습니다. 이는 성격의 약 40~60%가 유전적으로 결정될 수 있다는 과학적 근거가 됩니다. 다만 이는 환경의 역할이 무시될 수 있다는 뜻은 아닙니다. 오히려 사람의 성격은 선천적 기질과 후천적 환경의 상호작용 속에서 다듬어지고 확장되며, 어떤 성격적 특성이 우세하게 드러나는가 하는 문제는 '상황'이라는 변수에 크게 영향을 받는다는 뜻으로 이해해야 합니다.

위기의 순간에 드러나는 '진짜 나'

일상적인 상황에서는 환경이 요구하는 나를 연기할 수 있습니다. 하지만 예상치 못한 위기, 극한의 스트레스, 깊은 갈등의 순간에는 선천적인 성격이 전면에 드러나는 경향이 있습니다. 이는 '나도 몰랐던 나'가 나타나는 순간으로, 심한 갈등, 재난 상황, 혹은 중요한 시험이나 발표 전후의 행동에서 종종 관찰됩니다. 그리고 사람은 나이를 먹어 갈수록 좀 더 선천적인 기질이나 성격이 더 강하게 작용하는 경향이 있습니다.

이러한 현상은 생존 본능과도 연관됩니다. 위기 상황에서 뇌는 더 이상 복잡한 사회적 계산을 하지 않고, 본능적이고 원초적인 반응을 선택하게 되며, 이는 뇌 깊은 곳에 새겨진 유전적 기질이 작용하는 결과일 수 있습니다.

유전자의 가능성과 환경의 선택, 나를 완성하는 이중 나선

궁극적으로 우리의 성격, 기질, 적성, 능력은 유전자와 환경의 상호작용 결과입니다. 유전자는 하나의 청사진을 제공합니다. 하지만 그 청사진이 어떤 형태로 현실화되는지는 우리가 살아가는 환경, 선택한 경험, 주변 사람들과의 관계에 의해 결정됩니다. 이 점에서 유전자의 MBTI는 우리 내면의 '원형'을 비추는 거울이라 할 수 있습니다. 설문 기반 MBTI가 '현재의 나'를 반영한다면, 유전자 기반 MBTI는 '가능성의 나', '기본값의 나'를 보여 줍니다. 이 두 가지가 충돌하거나 일치할 수도 있고 혹은 서로를 보완할 수도 있습니다. 진짜 중요한 것은 그 둘을 이해하고 선천적 기질을 이해함으로써 더 나은 후천적 선택을 할 수 있는 통찰을 얻는 것입니다.

ENTJ로 살아온 INTJ

저는 설문 기반 MBTI에서 'ENTJ'라는 결과를 받았습니다. 외향적이고(E), 분석적이며(N), 논리적이고(T), 조직적인(J) 성향. 그 결과는 제 사회적 역할과도 맞아떨어졌습니다. 나는 과학자이며 연구자이고 새로운 것을 추구합니다. 동시에 회사를 창업하고 경영을 이끌어온 사람입니다. 외향적 리더십과 전략적 사고는 내 삶에 실제로 요구되었던 요소들이었습니다.

하지만 제 유전자 분석은 다른 이야기를 들려주었습니다. 제 생물학적 성향은 INTJ, 즉 내향적(I) 성격으로 분류됩니다. 그래서 실제로 혼자 있을 때 더 깊이 사고하고, 고독 속에서 에너지를 얻으며, 군중보다는 조용한 공간에서 진정한 회복을 경험합니다. 이 차이는 제게 매우 의미 있었습니다. 환경은 외향적인 사람을 요구했고, 저는 그에 적응했지만, 본래의 저는 내향적인 인간이었던 것입니다. 어쩌면 저는 내성적 전략가(INTJ)의 뿌리를 가진 외향적 실행가(ENTJ)로 살아온 셈입니다.

이것이 바로 유전자의 MBTI가 주는 통찰입니다. 설문은 지금의 나를 말하고, 유전자는 나의 시작점과 가능성을 보여 줍니다. 이 둘을 모두 이해할 때 우리는 비로소 '진짜 나'를 입체적으로 조망할 수 있습니다.

성격, 나라는 존재의 과학적 스펙트럼

성격은 고정된 것도, 완전히 유동적인 것도 아닙니다. 유전자는 우리 안에 잠재된 가능성의 문을 여는 열쇠이며 환경은 그 문을 어떻게 통과할지를 결정하는 안내자입니다. 우리는 타고난 기질을 이해할수록 자신을 더 정직하게 바라볼 수 있고, 더 나은 인간관계, 더 정확한 진로 선택, 더 깊은 자기 성찰로 나아갈 수 있습니다. 이제 성격은 더 이상 단순한 심리학의 영역에만 머물지 않습니다. 유전학, 신경과학, 인공지능까지 결합한 '정밀 성격 과학(personal genomic psychology)'의 시대가 열리고 있는 것입니다.

"성격은 유전자가 쓴 악보 위에 환경이 연주한 멜로디이며,
그리듬은 세포 속에도 기억됩니다."

지구 온난화: 유전자의 언어로 다시 보다

생물학자이자 유전체학자의 시각에서 본 기후 위기

인류는 지금 기후 시스템의 커다란 변곡점 위에 서 있습니다. 지구는 과거 수백만 년 동안 빙하기와 간빙기를 반복하며 스스로를 조절해 왔습니다. 하지만 지금 우리는 그 자연스러운 리듬에서 벗어난 급격한 온난화를 목격하고 있습니다. 그리고 이 변화는 단순히 대기 온도나 해수면의 문제가 아니라, 지구 생물권 전체의 유전자 수준에까지 영향을 미치는 심층적인 위기입니다.

유전자 조절 메커니즘을 무력화하는 기후 변화

극지방의 생물은 한랭 환경에 맞는 단백질 구조를, 사막 생물은 고온과 수분 부족에 적응한 유전자 조절 메커니즘을 발달시켜 왔습니다. 이는 오랜 세월 동안 기후와 환경 압력이라는 선택 도구에 의해 유전체가 조형되어 온 결과입니다. 그런데 오늘날의 지구 온난화는 이 적응의 속도를 무력화할 만큼 빠르게 진행되고 있습니다. 기후 변화가 적절한 속도로 일어난다면, 생물들은 세대를 거쳐 유전적 변이를 축적하고, 점진적인 적응 진화를 거칠 수 있습니다. 그러나 현재와 같은 속도라면, 대부분의 생물은 유전적으로 대응할 시간 없이 서식지를 잃고 멸종 위기에 내몰리게 됩니다.

유전자의 시간과 지구의 시간, 그 사이의 불협화음

지구 온난화에 대해 우리는 종종 "기온이 몇 도 올랐다."는 수치에 집중하곤 합니다. 그러나 진정한 문제는 단순한 기온의 상승 자체가 아니라 그 변화가 너무나도 빠르게, 너무 짧은 시간 안에 일어났다는 데 있습니다. 지구의 생명체들, 즉 인간을 포함한 대부분의 종들은 수백만 년 동안 다양한 환경 변화에 진화적으로 적응해 왔습니다. 그리고 이러한 적응은 유전자 수준에서 이루어져 왔습니다. 온도, 습도, 자외선, 먹이 자원, 포식자 등 환경 요인이 변화할 때마다 생물의 유전자는 돌연변이, 선택, 유전자 발현 조절 등을 통해 스스로를 '업데이트'하며 생존해 왔습니다. 하지만 지금 벌어지고 있는 기후 변화는 생물권의 유전자가 감당할 수 있는 속도를 한참 초과한 변화입니다.

생명체가 환경에 유전적으로 적응하는 데는 세대의 교체, 즉 시간이 필요합니다. 생명체는 선천적 유전 형질이 자연선택을 통해 축적되고, 그로 인해 적합한 개체가 다음 세대에 유전자를 전달하면서 점진적인 '환경 적응'이 이루어집니다. 그런데 산업혁명 이후 불과 200년 남짓한 시간 동안 기후는 과거 수만 년간의 변화 속도를 단 몇십 년 안에 압도하는 방식으로 변하고 있습니다. 이는 생물의 유전자가 진화적으로 대응할 '생물학적 시간'을 빼앗아 버리는 일이며, 자연계의 적응 능력을 구조적으로 붕괴시킬 수 있는 초유의 사태입니다.

위기의 본질은 '적응할 시간의 상실'

기후 위기의 진정한 공포는, 지금 이 순간도 수천만 년 동안 축적된 생명의 진화적 자산이 대응할 기회를 얻지 못한 채 사라지고 있다는 사실입니다. 우리가 현재 목격하는 각종 생태계 붕괴와 종의 멸종은 단순히 '지구가 더워지고 있기 때문'이 아니라, 지구가 '너무 빠르게' 달라지고 있기 때문입니다. 그리고 이 속도는 유전자의 반응 속도, 생물의 세대교체 속도, 생태계의 회복 속도마저 초과하고 있습니다. 지구는 언제나 변화해 왔고, 생명은 그에 맞춰 진화해 왔습니다. 하지만 지금 우리가 마주한 기후 변화는 생명체가 역사상 한 번도 경험해 보지 못한 '속도의 위협'입니다.

그리고 그 위협은 유전자라는 생명의 근간이 제 역할을 하기도 전에 모든 것이 무너져 버릴 수 있다는 가능성을 경고하고 있습니다. 지금 우리가 멈추고 대응하지 않는다면, 미래 세대는 더 이상 유전적으로 적응할 수 있는 생태적 기반 자체를 상실하게 될지도 모릅니다. 그것이 바로 지구 온난화가 가져올 수 있는 가장 본질적인 위협입니다.

"지구는 변화하고 있지만, 생명의 유전자는 그 속도를 따라잡지 못한다. 기후 위기의 본질은, 진화가 응답할 틈조차 주지 않는 '상실의 시간'에 있다."

암은 진화의 최고 걸작일까

암은 단지 파괴자인가

암(cancer)이라는 단어가 주는 정서적 무게는 실로 큽니다. 생명을 위협하는 진단, 끝없이 자라는 종양, 항암제의 고통, 그리고 예측할 수 없는 결과와 죽음의 그림자로 환자를 공포에 몰아넣습니다. 이는 현대 의학이 가장 두려워하고, 동시에 가장 치열하게 맞서고 있는 적(敵)이기도 합니다. 우리는 암을 흔히 '세포의 돌연변이', '제어되지 않는 성장', '유전자 복구 실패' 같은 말로 설명합니다. 하지만 이 현상을 단순한 생물학적 고장이나 무질서한 세포 복제로만 규정짓는 것은, 오히려 암의 본질을 놓치는 일일지도 모릅니다.

최근 유전체학(genomics)과 후성유전학, 그리고 암 생태학(cancer ecology)에 대한 이해가 깊어지면서 과학자들은 암을 점점 더 '생명의 본능적 전략'으로 이해하고자 하는 시도를 하고 있습니다. 암세포는 단순히 망가진 세포가 아니라 생존을 위해 끝까지 싸우는 세포, 즉 외부 환경 변화, 면역의 공격, 산소 부족, 약물 스트레스 같은 역경 속에서도 자신을 재설계하고 살아남으려는, 말하자면 극단적인 진화 기작으로 작동하고 있다는 것입니다.

실제로 암세포는 놀라운 속도의 돌연변이 축적, 신호 회로 재배선, 후성유전적 조율, 심지어는 주변 조직과의 공생 또는 지배까지 해내며, 마치 하나의 지능적인 생명체처럼 환경과 변화에 적응합니다. 이러한 관점에서 볼 때 암은 단지 생명을 해치는 질병을 넘어, 다세포 생명체가 진화 과정에서 얻게 된 복잡성과 생존 전략의 결과물, 즉 진화의 최고 걸작일 수도 있다는 놀라운 통찰에 도달하게 됩니다.

우리는 암을 통해 생명이 얼마나 치열하게 환경과 상호작용하며 살아남으려 하는지를, 그리고 유전자가 어떻게 현실을 '읽고' 그에 맞춰 반응하는지를 극단적이지만 명확하게 확인할 수 있는 창을 얻은 것입니다.

인간 세포 중 가장 빠르게 진화하는 세포

암세포는 단시간에 수많은 돌연변이를 축적하고, 주변 환경에 적응하며 살아남는 방식을 스스로 개발합니다. 산소가 부족하면 저산소 환경 적응 유전자를 활성화하고, 항암제가 들어오면 이를 회피하거나 내성 돌연변이를 일으키며, 면역세포의 공격을 받으면 면역 억제 단백질을 분비해 자신을 숨깁니다. 이 모든 과정은 마치 하나의 생명체가 환경 선택압 속에서 진화하는 모습과도 유사합니다. 정상적인 세포가 이러한 변화의 과정을 적응하기 위해서는 엄청난 시간과 세대가 교체되어야 가능한 일들을 단지 몇 달 또는 몇 년이라는 시간에 이루어 내는 것입니다.

유전학과 후성유전학이 함께 연주하는 생존의 교향곡

암은 단순한 유전자 돌연변이의 결과가 아닙니다. 오늘날의 암 연구는 점점 더 후성유전학의 중요성을 강조하고 있습니다. 유전자 서열이 변하지 않더라도, DNA 메틸화, 히스톤 변형, miRNA 조절 같은 후성유전적 메커니즘이 암세포의 생존 전략에 깊이 관여합니다. 예컨대, 항암 스트레스 환경에서 암세포는 특정 유전자의 발현을 후성적으로 끄거나 켜며 스스로의 상태를 재조정합니다. 이러한 측면에서 암은 유전학과 후성유전학이 함께 연주하는 환경 적응의 오케스트라라고 할 수 있습니다. 유전학은 파악 가능한 '악보'를 제공하고, 후성유전학은 실시간으로 그 악보를 재해석하는 지휘자 역할을 합니다. 이 둘이 만나 암세포는 빠르고 유연하게 환경 변화에 대응하며 진화적 생존 전략을 실현합니다.

인간 유전체는 얼마나 적응할 수 있는가

암세포는 인간 유전체가 가지고 있는 무한한 적응 가능성을 실시간으로 보여 주는 살아 있는 증거입니다. 우리는 암세포의 유전적 변화 과정을 통해 인간의 유전자가 어떻게 환경 변화, 스트레스, 공격에 반응하며 살아남으려 하는지를 관찰할 수 있습니다. 이것은 암이라는 병이 가진 고통스러운 이면에서, DNA 레벨의 생존 전략이 어떻게 작동하는지를 파악할 수 있는 귀중한 기회이기도 합니다.

진화의 축소판, 암

암은 단순한 돌연변이 집합이 아니라 선택, 경쟁, 생존, 적응이 모두 작동하는 진화의 마이크로 모델입니다. 종양 내부에서 서로 다른 유전자 클론들이 경쟁하며, 가장 적합한 세포가 살아남고 증식합니다. 이는 다윈의 자연선택이 몸속에서 일어나는 작은 진화 게임과도 같습니다. 우리는 암을 통해, 자연선택이 얼마나 빠르고 창의적으로 유전체를 바꾸는지를 직접 관찰할 수 있는 창을 가진 셈입니다.

암이라는 질병 속에 숨어 있는 진화의 메시지

암은 생명을 위협하는 질병임이 분명합니다. 하지만 동시에 생명이 가진 유연성과 진화 가능성을 가장 극적으로 보여 주는 현상이기도 합니다. 암은 단순히 '고장 난 세포'가 아닙니다. 그것은 복잡한 생명 시스템 안에서 자유롭게 진화하고 복제할 수 있는 능력의 부산물입니다. 즉, 암은 생명의 또 다른 가능성을 품은 현상일 수도 있습니다. 인류는 그것을 이해하고 극복해나가는 과정에서 다시 한번 진화하고 있는 중입니다. 인간의 세포 중에서 가장 빠르게 유전적 진화를 보여 줄 수 있는 것이 바로 암세포이며, 우리는 이를 통해 인간 유전체가 얼마나 다양한 환경 변화에 적응하며 살아남으려 하는지를 간접적으로 확인할 수 있습니다.

"암은 생명을 파괴하는 질병이자, 동시에 유전자가 생존을 위해 연주하는 가장 치열하고 극적인 진화의 교향곡이다."

영생을 얻은 인간, 헨리에타

어떤 생명은 죽지 않았다

1951년, 한 흑인 여성은 볼티모어의 병원 침대에서 조용히 세상을 떠났습니다. 그녀의 이름은 헨리에타 랙스(Henrietta Lacks). 그러나 그녀는 완전히 사라지지 않았습니다. 아니, 어쩌면 그녀는 지금도 수천 개의 실험실 안에서 지구 반대편 연구자들의 배양 접시 위에서 여전히 살아가고 있는지도 모릅니다. 그녀의 자궁경부암 조직에서 채취된 세포는 인류 역사상 처음으로 영구적으로 배양 가능한 인간 세포주, 바로 HeLa 세포가 되었습니다. 이 HeLa 세포는 세포 연구를 진행한 모든 연구자에게는 아주 친숙한 대표적인 연구용 인간유래 세포주 입니다. 이 세포는 생물학적으로도, 철학적으로도, 인류가 만든 불멸의 생명이었습니다.

죽음 이후에도 계속 자라는 생명체

보통 인간 세포는 정해진 횟수 이상은 분열하지 못합니다. 이를 헤이플릭 한계(Hayflick limit)라고 부르며, 이는 노화와 밀접한 관련이 있는 자연스러운 생리적 장벽입니다. 하지만 HeLa 세포는 이 장벽을 넘어섰습니다. 텔로머레이스 활성으로 인해 무한 분열이 가능했고, 배양 접시에서 수십 년이 흐른 지금까지도 계속 증식하고 있습니다. 게다가 환경에 강하고, 감염이나 방사선에도 쉽게 살아남습니다.

> "생물학적으로 보면,
> 헨리에타의 일부는 지금도 살아 있다는 것입니다.
> 그것은 단순한 세포가 아니라, 유전자의 형태로 생존하는
> 그녀의 존재입니다."

영생을 얻게 된 경위

1951년, 헨리에타 랙스는 자궁경부암 치료 중 본인의 동의 없이 암세포 조직이 채취되었고, 이 세포는 인류 역사상 최초의 불멸 세포주(immortalized cell line)인 HeLa 세포로 배양되었습니다. 당시에는 '환자 동의(informed consent)'라는 개념이 정립되지 않았고, 의료기관에서는 치료 중 제거된 조직을 연구에 사용하는 것이 관행이자 합법이었습니다. 특히 흑인 여성으로서 의료 정보와 권리에 접근할 수 없었던 헨리에타는 자신의 세포가 과학 연구에 쓰이고 있다는 사실조차 모른 채 세상을 떠나야 했습니다.

이 영원한 세포주는 소아마비 백신 개발, 방사선 및 핵무기 피폭 연구,

항암제 실험, 유전자 발현, 염색체 연구, 텔로머레이스 발견, 우주 공간에서의 세포 실험, CRISPR 유전자 편집 기법 실증등 다양한 연구와 개발에 사용되었습니다. 하지만 정작 그녀의 가족은 그 사실을 수십 년이 지나서야 알게 되었고, 그동안 HeLa 세포는 수익화되고, 특허화되고, 논문화되어 갔습니다.

그리고 중요한 사실은 이 세포주는 동의 없이 채취되었고 법적 권리나 특허가 설정되지 않았기 때문에 현재도 어떤 나라의 어떤 연구자든 제한 없이 사용할 수 있는 인간 세포주가 되었다는 점입니다. 그 누구도 그 세포에 대해 법적 소유권이나 상업적 제한을 주장할 수 없으며, 이로 인해 HeLa 세포는 '공공재적 생명체'로 존재하게 되었습니다. 결국 HeLa 세포는 영원히 증식할 수 있는 생물학적 특성과, 법적·윤리적 경계 바깥에서 출발한 특수한 역사 덕분에 인류 최초이자 마지막일지도 모를 '영생의 인간 세포주'를 누구에게나 남긴 최초의 영생의 인간이 된 것입니다.

불멸의 생명은 축복인가, 저주인가

HeLa 세포는 인류에게 생명을 연장하고 구할 수 있는 수많은 과학적 발견의 열쇠를 제공했습니다. 그러나 그 시작은 한 개인의 동의 없는 희생, 그리고 이름도 남기지 못한 채 분열을 계속하는 생명체의 등장이라는 과학과 윤리 사이의 불편한 진실로부터 비롯되었습니다. 우리는 이제 세포를 무한히 증식시키고, DNA를 분석하고, 유전자를 재조합하며, 심지어 유전체를 인공적으로 설계할 수 있는 시대에 살고 있습니다. 하지만 이러한 기술적 가능성의 이면에서, 우리는 '생명'이라는 개념을 물질화하고, 소유하고, 실험 가능한 대상으로 전환하고 있는 것은 아닐까요?

헨리에타 랙스의 세포는 분명히 살아 있으며, 그 안에는 그녀의 유전자가 남아 있습니다. 그렇다면 이 세포는 그녀의 일부일까요? 그녀의 정체성을 뗀 단순한 생물학적 도구일까요? 아니면 '죽지 않는' 이 존재는 과학이 윤리보다 앞서간 시대의 산물이자 개인의 존엄이 시스템 속에서 희생된 문명의 그림자는 아닐까요? 과학은 그 본성상 끊임없이 '더 많이 알고자' 하고, 기술은 '더 멀리 통제하고자' 합니다. 그러나 생명이라는 개념은 단지 복제 가능한 유전 정보의 집합체가 아니라, 기억, 맥락, 이름, 그리고 존중되어야 할 고유성을 포함한 인간적 가치의 총합이어야 합니다.

> "한 개인의 세포가 '죽지 않는 생명'이 될 수 있다면,
> 우리는 생명이란 무엇이며, 죽음이란 무엇인지
> 다시 정의해야 하지 않을까요?"

영생의 과학

HeLa 세포는 단순히 병리학적 샘플이 아니라, 죽음을 넘어서도 생명 현상을 유지하는 최초의 인간 세포주로서, 현대 생명과학이 '영생'이라는 개념에 도전할 수 있는 실험적 출발점이 되었습니다. 그녀의 세포는 수십 년이 지난 지금까지도 끊임없이 분열하고 있으며, 그 과정에서 축적된 과학적 통찰은 노화, 재생, 유전체 보존 기술의 핵심적 전환점이 되었습니다.

- **텔로머레이스와 세포 수명의 제어:** 노화는 세포 분열과 함께 점차 짧아지는 텔로미어(telomere)라는 염색체 말단의 소실과 깊은 관련이 있습니다. 그러나 HeLa 세포는 텔로머레이스(telomerase)라는 효소를 비정상적으로 활성화시켜 텔로미어의 길이를 유지하며, 무한히 분열 가능한 세포로 살아남는 메커니즘을 보여 줍니다. 이 과정은 현대 과학이 세포 노화의 조절 가능성을 실험하는 데 중요한 단서를 제공합니다. 실제로 현재 많은 항노화 연구는 텔로머레이스 활성화 혹은 조절을 통한 생물학적 수명 연장을 목표로 하고 있습니다.

- **iPSC 기술과 생체 재생 가능성:** HeLa 세포는 초기 줄기세포 연구의 핵심 모델 중 하나였습니다. 그 결과 등장한 유도만능줄기세포(iPSC) 기술은 성체 세포를 다시 배아 상태로 되돌려 재분화할 수 있도록 하는 기술로 발전했습니다. 이는 단순한 재생이 아니라 개인의 조직을 복원하거나 장기를 재생하고, 궁극적으로는 개체를 복제하거나 생명을 연장하는 기술로 이어질 수 있습니다. iPSC는 현재 파킨슨병, 심근경색, 당뇨병, 척수손상 등의 재생의학에서 임상 응용이 활발히 진행 중이며, "자기 자신으로부터 자기 자신을 다시 만들어 내는 기술"이라는 점에서 궁극의 불멸 기법으로 주목받고 있습니다.

이처럼 헨리에타의 세포는 단지 한 암 환자의 조직에서 비롯된 것이 아닙니다. 그것은 인류가 죽음을 물리적 한계가 아니라 생물학적 과제로 다시 정의하기 시작한 출발점이 되었고, 생명을 이해하는 동시에 재설계하려는 시대적 야망의 상징으로 자리 잡았습니다.

헨리에타는 죽지 않았다

헨리에타 렉스는 1951년, 육체적 생명을 마감했지만, 그녀의 세포는 지금 이 순간에도 수많은 실험실 안에서 분열하고 증식하며 생명과학의 흐름을 바꾸고 있습니다. 그녀의 세포는 단순한 조직 샘플이 아니라, 불멸이라는 생물학적 조건을 갖춘 존재로서의 '제2의 생명'입니다. 그 세포는 암이었고 파괴적이었으며 생명체의 규칙을 벗어난 이탈자였지만, 동시에 그것은 인간 유전체가 가지는 진화적 유연성과 복원력, 그리고 생명이 얼마나 다양한 방식으로 존재를 지속할 수 있는지를 보여 주는 강력한 사례이기도 합니다.

그녀의 세포는 과학의 수많은 발견을 이끌어 냈고, 그 발견들은 다시 수많은 생명을 구하고 새로운 생명을 설계하며, 인류가 죽음과 시간의 한계에 도전할 수 있게 만든 토대가 되었습니다. 그러나 이 불멸의 세포는 한 인간의 이름도 없이 시작되었고, 그 이름이 뒤늦게 과학 논문과 대중의 기억 속에 복권되기까지 수십 년의 시간이 걸렸습니다. 과학적으로 보면, 헨리에타는 여전히 살아 있습니다. 그녀의 유전자는 분열하고 돌연변이를 축적하며, 자기 복제를 통해 존재를 이어 갑니다. 즉, 자기의 정보를 저장하고 복제하며 진화해 간다는 차원에서 생명체로서의 충실한 기능을 수행하고 있는 것입니다.

철학적으로 본다면 그녀는 '생명이 무엇인가?' '존재란 무엇인가?'에 대한 질문을 과학자, 윤리학자, 그리고 우리 모두에게 계속해서 던지고 있는 존재입니다. 그리고 어느 미래에 공상과학 영화에서 보는 복제라는 기술을 통해 완전한 생명체로 다시 탄생할 수도 있는 것입니다.

참고 도서: Rebecca Skloot, 『The Immortal Life of Henrietta Lacks』
헬라 세포의 과학적 기여와 가족의 이야기, 윤리적 갈등을 소개함

"과학은 그녀의 세포로 인해 불멸성을 실험할 수 있게 되었고,
윤리는 그녀의 삶으로 인해 생명의 경계에 인간성을 부여하게 되었습니다."

유전자와 문명의 공동 진화:
우리의 문화는 유전자를 바꾸고, 유전자는 다시 문명을 만든다

문화와 유전자의 관계

진화는 더 이상 오직 자연에 의해 결정되지 않습니다. 인간이 도구를 만들고 언어를 사용하며 문명을 발전시키는 과정에서 문화는 생존을 위한 새로운 환경을 만들어 냈고, 그 환경은 다시 인간의 유전자를 선별하는 새로운 기준이 되었습니다. 이것이 바로 유전자 – 문화 공동 진화 개념입니다.

이 개념은 단순히 '유전자가 문화에 영향을 준다.'는 일방향적 사고가 아니라 문화와 유전자가 서로에게 선택 압력을 가하면서 함께 진화한다는 점을 짚었다는 데 그 중요성이 있습니다. 그리고 놀랍게도 우리 일상

속의 수많은 문화적 행동은 실제로 유전자의 표현(phenotype)을 바꾸거나 특정 유전형(genotype)의 선택 확률을 높이는 데 직접적인 역할을 하고 있습니다.

문화에 적응한 유전자

- **우유를 마시는 유전자, 락타아제 지속성:** 가장 잘 알려진 사례는 유당 분해 효소(락타아제, lactase) 유전자입니다. 대부분의 포유류는 성장이 끝나면 젖을 끊고 락타아제 유전자 발현이 꺼지지만 유럽과 아프리카의 일부 유목 문화에서는 성인기에도 우유를 마시는 관습이 생기면서 락타아제를 계속 생성하는 돌연변이형이 퍼지게 되었지요. 이 돌연변이는 원래 드물었지만 우유를 주요 영양원으로 삼는 문화가 퍼지자 생존에 유리한 유전자형으로 선택되었습니다. 이는 문화적 습관이 유전자의 진화 방향을 바꿔 버린 대표적인 사례입니다.

- **고산 적응, 데니소바인의 선물:** 티베트 고원의 주민들은 해발 4,000미터 이상의 고산 환경에서도 안정된 혈중 산소 수준을 유지할 수 있습니다. 그들은 EPAS1 유전자의 특이적 변이를 가지고 있는데, 놀랍게도 이 유전자는 고대 인류인 데니소바인에게서 유래된 것으로 밝혀졌습니다. 고산 지대에 정착한 문화, 즉 이동하지 않고 고지대에 정주하는 생활양식이 생존 압력을 가했고, 이는 해당 유전자형의 선택적 확산으로 이어졌습니다. 이 역시 문화(고산 정착)가 유전형 선택을 유도한 사례로 볼 수 있습니다.

- **불을 다룬 인간, 치아와 턱이 달라졌다:** 인간은 언제부터 음식을 익혀

먹기 시작했을까요? 불을 다루는 문화는 단순한 조리 기술의 발전을 넘어, 신체의 해부학적 구조에 직접적인 영향을 미쳤습니다. 익힌 음식은 더욱 씹기 쉬워졌고, 그 결과 인간의 턱이 작아지고 치아가 줄어들었으며 소화기관은 더 효율적으로 변화했습니다. 이 변화는 수십만 년 동안 익힌 음식 문화를 유지하면서 서서히 형질이 유전적으로 고정된 결과입니다. 불이라는 문화가 신체 진화의 방향까지 바꿨다는 사실은 문화가 결코 유전학적으로 중립적인 현상이 아님을 보여 줍니다.

- **언어와 뇌의 재배선:** 언어는 인간 문화의 정점이자 뇌 구조에 가장 깊은 영향을 미친 요소입니다. 언어를 사용한다는 것은 정보를 상징적으로 표현하고, 사회적 협력을 가능케 하는 능력을 의미합니다. 언어를 수천 세대에 걸쳐 사용하면서, 인간은 언어 처리에 특화된 뇌 영역(브로카 영역, 베르니케 영역 등)을 더욱 정교하게 발전시켰습니다. 또한 FOXP2 유전자는 언어 능력과 관련된 대표적인 유전자로 인간에게서 고도로 발현되는 반면, 침팬지와 네안데르탈인에게서는 덜 정교하게 작동합니다. 즉, 언어 문화는 뇌 발달과 신경 회로 구성에 영향을 미치는 유전자 선택을 유도한 것입니다.

- **농업, 면역, 그리고 질병:** 농경 문화가 확산되면서, 인류는 정착 생활과 좁은 공간에서의 집단 생활을 시작하게 되었습니다. 이는 가축과의 밀접한 접촉, 위생 문제, 식단의 제한이라는 새로운 환경 요인을 만들어 냈고, 이는 곧 면역 체계와 관련된 유전자들의 진화 압력으로 작용했을 것입니다. 예를 들어, HLA 유전자군은 병원체 인식에 중요한 면역 유전자 집단으로, 지역별로 다양한 병원체에 적응하며

진화해 왔습니다. 특정 지역의 전염병 유행은 곧 그 지역 사람들의 면역 유전자의 구성을 바꾸는 강력한 선택압으로 작용했고 이는 오늘날까지도 유전자 풀에 영향을 미치고 있습니다.

- **디지털 문화와 후성유전학의 시대:** 오늘날 문화는 더욱 빠르게 변화하고 있습니다. 특히 인공지능, 디지털 환경, 스마트폰 사용, SNS 기반의 소통은 우리의 뇌 기능, 집중력, 정서 표현 방식에까지 영향을 미치고 있다. 이러한 변화는 단순한 행동 양식의 변화가 아닌, 후성유전학적 변화를 유도할 수 있습니다. 예를 들어, 스트레스 환경에서 자란 아이들의 뇌 발달과 유전자 발현이 다르게 나타나는 사례는 현대 문화가 유전자 발현 수준에서 인간을 다시 쓰고 있다는 강력한 증거입니다.

문화는 환경이 아니라, 유전자의 설계도

지금까지 살펴본 다양한 사례들을 통해 우리는 인류가 단지 환경에 수동적으로 적응하는 생물학적 존재가 아닌, 환경을 넘어서 바꾸고, 그 환경으로 자신의 유전자만을 변화시켜 온 문명적 조각이 였다는 것을 확인할 수 있습니다.

유당 유전자, 고산적응 유전자, 음식 조리에 따른 유전적 변화, 언어 사용과 농업 그리고 디지털 기구 사용 등은 모두 문화적 환경이 생물학적 진화의 방향을 실질적으로 바꾸어 왔다는 점을 보여 줍니다. 이처럼 문화는 유전자의 선택과 발현에 실질적인 영향을 미칠 수 있는 '제2의 자연선택'으로 자리잡고 있습니다.

특히 현대 사회에 들어서면 이 유전자와 문화의 상호작용은 더욱 복잡하게 바뀌어 간 것으로 보입니다. 디지털 네트워크, 인공지능, 유전체 편집 기술 등은 인간 행동뿐 아닌 생각과 사회적 관계, 그리고 생물학적 반응 자체에까지 영향을 미칠 수 있습니다. 이런 변화는 환경 변화나 사회 특성이 아니라, 후성유전학적 변화를 통해 유전자 발현 방식 자체를 변화시킨 실질적인 진화의 경로라고 보아야 합니다.

결국 진화라는 것은 유전자의 복제적인 변화가 아닌 문화와 정보가 깊이 이어지며 서로와 관계를 통해 만들어진 동적인 현상입니다. 그리고 바로 이러한 특성이 인류를 여타 생명체와 구분 짓는 핵심적인 차이라고 할 수 있습니다. 우리 인간은 도구를 만들고 언어를 사용하며 문화를 축적하는 과정에서 스스로의 유전적 진화를 유도해 왔습니다. 그리고 이 문화는 개인의 삶뿐 아니라 세대 간 유전자의 선택 가능성마저 변화시키며 '공동 진화'라는 생물학적 개념의 의미를 확장했습니다.

따라서 진화는 더 이상 유전자만의 이야기가 아닙니다. 그것은 유전자와 문화가 주고받는 끊임없는 대화이며, 인류는 그 대화의 중심에서 자신의 미래를 공동으로 설계하고 있는 존재입니다. 인간은 자신이 만든 문화에 의해 변화하고, 그 문화는 다시 유전자의 표현을 변화시켜 인류 전체의 방향을 결정짓는, 서로 얽혀 있는 진화의 사슬 위에 서 있습니다.

앞으로 AI와 유전체 기술, 디지털 사회의 가속화 등은 이 상호작용을 더 복잡하고 빠르게 만들 것입니다. 그러므로 우리는 진화를 단순한 생물학적 현상으로 보지 않고, 문화 기술 윤리 사회가 통합적으로 작용하는 동적인 시스템으로 바라보아야 할 필요가 있습니다. 바로 이 통합적 이해가 미래의 인간, 즉 호모 인텔리전스(HI)로 나아가는 데 가장 중요한 학문적·철학적 토대가 될 것입니다.

"인간은 유전자의 산물이면서 동시에,
자신의 문화를 통해 유전자를 다시 설계해 온 존재입니다."

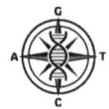

제2장 핵심 요약

---

1. 생명이 DNA에 정보를 담는 이유
생명은 안정적이고 복제 가능한 정보 저장 매체를 필요로 했다. DNA는 이중 나선 구조의 안정성, 복제 가능성, 그리고 변이를 허용하는 유연성 덕분에 생명의 가장 효율적인 정보 저장 매체로 선택되었다.

2. DNA가 4개의 염기로 이루어진 이유
DNA의 네 가지 염기(A, T, G, C) 체계는 정보 저장의 효율성(4진법), 복제 정확성, 그리고 오류 허용성 사이의 최적 균형을 이룬다. 이 네 글자는 생명의 진화에 가장 적합한 정보 해상도를 제공한다.

3. DNA와 RNA의 다른 염기 사용 이유
DNA는 장기적 정보 보존을 위해 안정적인 티민(T)을 사용하고, RNA는 단기적 전달을 위해 에너지 효율적인 우라실(U)을 사용한다. 이는 생명이 정보의 보존과 전달이라는 두 가지 목표를 분자 수준에서 최적화한 결과다.

4. 유전자 위의 또 다른 유전자, 후성유전학
유전자는 불변의 운명이 아니다. 후성유전학은 환경, 식습관, 경험에 따라 유전자 발현이 조절될 수 있음을 보여준다. 이는 쌍둥이조차 다른 삶을 살 수 있는 이유를 설명하며, 우리의 삶이 유전자에 영향을 준다.

5. DNA의 '저주'는 '축복'일 수 있다
유전자 복제 과정의 불완전성은 때때로 질병을 초래하지만, 동시에 유전적 다양성을 만들어 낸다. 이는 종 전체의 생존을 위한 진화적 보험이며, 불완전함이 있었기에 인류가 다양한 환경에 적응하고 살아남을 수 있었다.

6. 유전자 속의 외인

인간 유전체에는 과거에 침입했던 바이러스(ERV)나 스스로 이동하는 유전자(트랜스포존)의 흔적이 남아 있다. 이들은 한때 침입자였지만, 이제는 우리 유전체의 일부가 되어 면역, 뇌 발달 등에 영향을 미치는 진화적 협력자 역할을 한다.

7. 유전자와 마음의 상호작용

불안, 공감, 성격 같은 감정과 특성도 유전적 기반을 가질 수 있다. 하지만 이는 고정된 운명이 아니라, 우리의 생각, 환경, 그리고 사회적 관계에 따라 발현이 달라질 수 있다.

8. 현대 환경과 유전자의 충돌

지구 온난화, 정자 수 감소, 비만 등 현대 사회의 문제는 유전자가 적응할 수 없을 만큼 급격한 환경 변화에서 비롯된다. 이는 진화가 자연의 속도를 따라가지 못하는 '속도의 위기'다.

9. 문화와 유전자의 공진화

인간의 문화적 행동(예: 목축, 농경)은 유전자의 선택을 바꾸고, 진화 방향에 영향을 미친다. 즉, 인간은 유전자의 산물이면서 동시에, 자신의 문화를 통해 유전자를 다시 설계해 온 존재다.

10. 죽음을 넘어선 존재

헨리에타 랙스의 'HeLa 세포'처럼, 일부 인간의 세포는 불멸성을 얻어 죽음을 넘어 생물학적 존재를 이어가고 있다. 이는 생명과 죽음의 경계를 다시 생각하게 하며, 기술과 윤리가 나아가야 할 방향에 대한 질문을 던진다.

제3장
호모 인텔리전스 코리안:
K-유전자의 진화
Homo intelligence Korean

K-컬처와 유전자

문화는 진화한다

우리는 흔히 유전자는 생물학적 정보의 저장소라고 말합니다. 하지만 진화생물학자 리처드 도킨스는 『이기적 유전자』에서 '밈(meme)'이라는 개념을 도입하며, 인간의 문화도 유전자처럼 복제, 전달, 변형된다고 말했습니다. 다시 말해, 문화는 유전자의 방식으로는 물려받지 않지만 진화의 방식으로는 분명히 전파되고 적응하는 존재입니다. K-컬처는 바로 이 문화 진화의 극적인 사례입니다. 단순한 대중가요(K-pop)나 드라마, 음식에 머물지 않고, 인간 감정의 패턴과 소통 방식, 공동체의 정체성과 지향성을 아우르는 하나의 '문화 유전체'처럼 작동하고 있습니다.

한국 문화의 급진적 진화는 어디서 오는가

한류의 급부상은 단지 산업 전략이나 콘텐츠의 질 때문만은 아닙니다. 그 배경에는 빠른 적응과 융합을 가능케 한 한국인의 유전자적, 후성유전학적 특징이 있을지도 모릅니다. 예를 들어, 다음과 같은 것들이 있습니다.

- **집단주의와 유연성의 혼합:** 유교적 전통 속에서 공동체 중심의 문화가 강화되었지만, 동시에 서구 문화와 테크놀로지를 빠르게 수용하면서 이질적인 요소들을 재창조하는 능력이 탁월하게 발달
- **스트레스 대처 유전자(COMT, BDNF 등):** 높은 교육열, 경쟁 사회에도 불구하고 감정 조절과 창의성이 공존하는 현상은 특정 유전자형의 높은 분포와 관련이 있을 가능성이 높음
- **청각 및 언어 인지 능력의 우수성:** 복잡한 억양과 리듬, 빠른 학습이 필요한 K-pop 가창력의 배경에는 언어 처리 유전자(FOXP2 등)의 민감성과 관련
- **높은 추진력과 속도감 있는 사회 리듬:** 사회 전반에 걸쳐 무언가를 빠르게 해내고 적응하는 특성은 도파민 경로, 스트레스 반응 회로, 학습 강화 유전자들의 상호작용과 관련이 있을 수 있음
- **변화 수용성:** 글로벌 트렌드를 한국식으로 재해석해낸 K-컬처의 기저에는 후성유전적 유연성, 즉 외부 환경 자극에 따른 유전자 발현의 민감한 조절 능력이 작용하고 있을 가능성도 고려할 수 있음.

문화는 유전체의 외부 확장

K-컬처는 단순한 콘텐츠 소비가 아닙니다. 그것은 타인의 감정, 리듬, 정체성에 '동기화'되는 능력, 그리고 이를 바탕으로 새로운 사회적 규범을 창조하는 능력입니다. 이것은 마치 DNA가 환경에 따라 발현 양상을 달리하듯, 문화도 시대와 사회에 따라 진화하는 '표현형'이라고 할 수 있습니다. 문화는 유전자 위에 쌓인 또 하나의 '후성유전'과 같습니다. 환경, 사회적 상호작용, 교육, 미디어 등이 문화적 발현을 유도하고, 이는 다음 세대에게 모방과 학습을 통해 전파됩니다. 이는 유전적 '본능'과 문화적 '학습'이 서로 영향을 주고받으며, 이중의 진화 압력을 만들어 내는 과정이라 할 수 있습니다.

한국이라는 실험실: 문화 유전체의 집합지

한국은 산업화, 민주화, 디지털화를 모두 50년 안에 경험한 보기 드문 국가입니다. 이러한 압축성장 과정에서 한국인은 끊임없는 변화에 적응하고, 새로운 가치와 서사를 만들어 왔습니다. K-컬처는 바로 이 '정보의 적응에 따른 진화 실험실'에서 탄생한 결정체입니다. BTS, 〈오징어 게임〉, 김치, 한글, 웹툰, 치맥…. 이 모든 것은 단순한 유행이 아니라 정보의 조합과 정서의 정제를 통해 세계인의 공감을 이끌어 낸 한국식 '문화 유전자'입니다. 더 흥미로운 점은 이 문화가 대중의 주도적으로 만들어지는 것이 아니라, 소수의 젊은이에 의해, 마치 신경세포의 돌출 가지처럼 우발적이지만 진화적으로 유리한 방향으로 자라나고 있다는 것입니다.

문화 유전체의 시대: 공감을 이끄는 K-컬처

우리는 이제 유전체와 문화의 경계가 사라지는 시대를 향해 가고 있습니다. 유전자는 더 이상 생물학적 정보에 국한되지 않고, 디지털 공간에서의 행동, 기억, 감정의 패턴이 또 다른 유전체처럼 기능하기 시작했습니다. K-컬처가 전 세계인을 연결시키는 방식은, 마치 하나의 '공통된 문화 DNA'를 인식하고 활성화하는 분자적 반응처럼 보입니다. 언어, 피부색, 국경을 넘어서 우리는 문화라는 유전자를 통해 공감의 진화를 경험하고 있는 것입니다.

문화는 진화의 또 다른 언어

우리는 DNA로 태어나지만 문화로 형성되며 살아갑니다. 문화는 유전자처럼 염기서열을 가지진 않지만, 놀라울 정도로 유사한 방식으로 복제(replication), 돌연변이(mutation), 선택(selection) 과정을 겪습니다. 바로 이 과정이 진화의 핵심 메커니즘이기도 합니다.

K-컬처는 바로 이러한 진화의 원리를 문화적 맥락에서 극적으로 구현한 사례입니다. 한국이라는 작은 반도에서 출발한 이 문화는 전통과 현대, 동양과 서양, 집단성과 개인성이라는 이질적인 유전적 문화적 요인들을 융합하고 재조합하며 스스로를 끊임없이 적응시키는 표현형으로 진화해 왔습니다.

특히 한국 사회의 급격한 성장 환경은 마치 유전자에 극심한 스트레스 조건을 가했을 때 발현되는 스트레스 유도 유전자들처럼, 문화적 표현도 빠르게 변화하며 생존 전략을 찾아 나섰습니다. 이는 후성유전학적 적응(epigenetic adaptation)과 유사한 방식입니다. 즉, 유전자가 환경에 따라 발현 패턴을 바꾸는 것처럼 한국의 문화 또한 전 세계의 기호와 시장 흐름에 따라 콘텐츠, 서사, 감성의 발현을 유연하게 조정해 온 것입니다.

이러한 변화의 중심에 있는 것은 끊임없이 진화하려는 인간의 본능, 특히 한국의 젊은 세대입니다. 그들은 단순히 기존 문화를 계승하는 데 그치지 않고, 마치 새로운 유전자를 삽입하듯 외부 자극을 창의적으로 흡수해 자신만의 방식으로 재조합합니다. 이들이 만들어 내는 K-컬처는 하나의 '문화 유전체(cultural genome)'로서 공감과 전파력을 가진 문화적 DNA로 세계인을 감염시키고 있는 것입니다.

이제 문화는 단순한 유행이 아닙니다. 그것은 사회적 진화(social evolution)의 핵심 도구이며, 디지털 공간에서 살아 있는 새로운 형태의 유전체로 기능하고 있습니다. 그리고 한국은 이 새로운 진화의 중심에서 과학이 아닌 문화의 언어로 미래를 쓰고 있는 실험실이 되어 가고 있습니다. 이제 유전자와 문화의 경계를 넘나들며, 진화를 생물학이 아닌 정보와 감성, 창의성의 언어로 다시 써야 할 때입니다. 그리고 그 새로운 언어를 가장 유창하게 말하고 있는 이들이 바로 지금의 K-세대일지 모릅니다.

"문화는 유전되지 않지만, 진화합니다.
그리고 한국은 그 진화를 설계하고 있는 나라입니다."

출산율 0.7의 역설: 유전자가 선택한 진화

한국의 위기인가, 진화인가

한국은 전 세계에서 가장 낮은 출산율을 기록하고 있는 나라입니다. 통계청이 발표한 합계 출산율은 0.7명. 학계에서는 '초저출산 사회'를 넘어 '인구 소멸국가'로의 진입을 경고하고 있고, 정부는 천문학적인 예산을 투입해 출산율 반등을 꾀하고 있습니다. 하지만 아무리 정책을 쏟아부어도 출산율은 요지부동입니다. 그런데 한 걸음 물러나 유전자의 관점, 그리고 인공지능 시대라는 새로운 문명의 맥락에서 이 현상을 다시 보면 어떨까요? 한국의 초저출산은 단순한 위기가 아니라, 인간 유전자의 진화적 선택이며 AI 시대에 가장 최적화된 사회로의 진입 신호일 수 있습니다.

유전적 전략으로 보는 저출산

생물학적으로 대부분의 생명체는 극한 환경에 처할수록 번식률을 높입니다. 생존 가능성이 낮아질수록 많은 자손을 남겨 유전자의 생존 확률을 높이려는 본능적 전략입니다. 반대로, 환경이 안정되고 생존율이 높아지면 번식 전략은 반대로 전환됩니다. 많은 자손을 낳을 필요가 없기 때문입니다.

이 전략은 인간에게도 그대로 적용됩니다. 50년 전에 한국은 개발도상국이었습니다. 전쟁의 후유증과 가난, 높은 유아 사망률, 불안정한 의료 시스템이 공존하던 시절이었고, 합계 출산율은 6명을 넘나들었습니다. 그 시절은 유전적으로 봐도 '많이 낳아야 살아남는다.' 그리고 '다수의 노동력 확보'가 가장 중요한 생존 전략이었던 시대였습니다.

그러나 지금의 대한민국은 다릅니다. 세계 최고 수준의 의료 서비스, 안전하고 질서 있는 사회, 고도로 발달한 교통과 통신 인프라, 다채롭고 풍부한 문화 환경, 정보 접근성이 높은 교육 환경 이 모든 요소는 유전자에게 더 이상 '다산'을 요구하지 않는 최적화된 환경입니다. 즉, 출산율 0.7은 위기가 아니라, 우리의 유전자가 선택한 진화가 만들어 낸 결과일 수 있습니다.

AI와 로봇 시대, 양보다 질의 전략으로

이제 또 하나의 변수가 등장했습니다. 바로 AI(인공지능)와 휴머노이드 로봇의 시대입니다. 과거 산업사회에서는 많은 노동력이 필요했습니다. 많은 사람이 반복적인 일을 수행하며 생산을 책임졌습니다. 하지만 AI와 로봇이 본격적으로 사회에 투입되면서 '사람 수'보다 '사람의 질'이 훨씬 더 중요해졌습니다. 이제 우리의 사회는 단순한 육체노동은 기계와 로봇이 대신하고, 계산과 분석은 AI가 처리하며, 사람은 창의성, 감성, 도덕성, 판단력 등 고차원적 기능에 집중하게 됩니다. 이런 변화는 결국 '많은 사람'이 아니라 '뛰어난 사람'을 필요로 하는 구조로의 전환을 의미합니다.

바로 이 지점에서 한국의 독특한 교육 문화와 디지털 친화성, 집단 협업 능력, 높은 문화수용력이 경쟁력으로 부각됩니다. 지금의 대한민국은 전 국민이 스마트폰과 디지털 환경에 가장 적응한 나라, 빠른 기술 흡수와 실행력이 강한 사회, 높은 교육열로 개인의 역량을 극대화하는 시스템, 문화적 다양성과 창의성이 극대화되어 있었습니다.

이 모든 점에서 우리는 AI 시대의 가장 적합한 인류 집단 중 하나로 평가받을 수 있습니다. 즉, '작지만 변화에 적응할 수 있는 강한 집단'으로 구조를 재편할 수 있는 나라가 바로 대한민국입니다.

저출산은 종말이 아닌 재설계의 시작

그렇다면 우리의 질문이 달라져야 합니다. "출산율을 어떻게 높일 것인가?"보다는 "줄어든 인구로 어떤 사회를 설계할 것인가?"가 되어야 합니다. 지금 한국은 단순히 인구가 줄어드는 게 아닙니다. 양적인 성장에서 질적인 진화로 전환 중인 것입니다. 유전자는 생존 가능성이 높은 환경에서는 굳이 자손을 많이 낳도록 유도하지 않습니다. AI는 노동과 인력을 대신하고, 사람은 더 고차원적인 역량을 키워야 합니다. 사회는 그에 맞춰 노동 구조와 교육, 문화, 정책을 재설계해야 합니다.

한국, 유전적 진화와 문명의 진화가 만나는 실험실

오늘날의 대한민국은 유전적 진화와 기술 문명의 진화가 동시에 이루어지는 인류 문명의 최전선 실험실입니다. 생물학적으로는 다산(多産)의 시대를 마감하고, 에너지 효율이 높은 고도화된 생존 전략으로 전환하고 있으며, 기술적으로는 인공지능과의 공존을 모색하는 초연결 사회를 구축해 가고 있습니다. 문화적으로는 양보다 질을 중시하는 새로운 생존 모델이 자리 잡고 있으며, 이는 전통적 사회 구조를 넘어선 차세대 문명의 토대를 형성하고 있습니다.

현재 대한민국의 합계출산율 0.7이라는 숫자는 단순한 위기의 신호가 아닙니다. 그것은 인류 역사상 처음으로 유전자와 문명이 협업하여 적응하고 있는, 진화의 새로운 장이 열리고 있음을 보여 주는 지표입니다. 저출산 현상은 단지 경제적 요인이나 사회적 피로감의 산물이 아닙니다. 더 깊이 들여다보면 에너지 자원의 효율화, 교육 수준의 극대화, 생존 전략의 고도화라는 유전적·문화적 선택의 결과일 수 있습니다. 즉, 한국은 지금 전 세계 어느 나라보다도 먼저 '지능 중심의 생존'을 위한 진화적 전환을 시도하고 있는 것입니다.

이러한 변화는 단순한 사회 현상이 아니라, 미래 인류의 형태인 호모 인텔리전스로 진화해 가는 과정의 전조일 수 있습니다. 한국은 이미 초고학력, 초연결, 고밀도 정보 환경 속에서 살아가는 새로운 인간형의 모델을 실험하고 있으며, 이는 AI 시대에 최적화된 지능형 인간으로의 전환을 누구보다 먼저 이루고 있는 것입니다. 우리는 지금 새로운 인류 역사의 첫 장을 쓰고 있습니다. 그리고 그 서문은 한국에서 시작되고 있습니다. 만약 한국 사회가 이 진화의 길을 주도적으로 열어 가지 못한다면,

호모 인텔리전스의 미래는 방향을 잃고 흔들릴 수 있습니다. 반대로 한국이 이 길을 성공적으로 개척해 낸다면, 인류 전체는 생물학과 기술, 문화가 통합된 지능 진화의 모범 경로를 따라갈 수 있을 것입니다.

"한국의 저출산은 위기가 아니라,
지능을 지닌 유전자가 선택한 진화적 전략일지도 모릅니다."

자살과 유전자 진화: 유전자의 관점에서 본 한국의 자살률과 우울증

한국의 자살률, 그 위기의 실체

한국은 OECD 국가 중 자살률 1위를 오랫동안 유지하고 있습니다. 고령층뿐만 아니라 청소년, 중년, 심지어 어린 학생들까지 스스로 생을 마감하는 일이 일상적인 사회 문제가 되어버렸습니다. 통계청에 따르면, 자살의 가장 큰 원인은 '우울증'을 포함한 정신적 고통이며, 이는 사회적 고립, 경제적 압박, 교육 직장 내 경쟁, 가족 해체 등 다양한 요인과 얽혀 있습니다. 하지만 이 문제를 '사회적 스트레스'로만 설명하기엔 부족합니다. 우리는 이제 이 위기를 인간 유전자의 관점에서 다시 들여다볼 필요가 있습니다.

인간의 기본 욕구와 유전적 프로그램

진화생물학적으로 인간은 사회적 연결, 자율성, 성취감, 안전감 등 몇 가지 핵심 욕구를 충족시킬 때 생존과 번식을 극대화해 왔습니다. 이러한 욕구는 단지 심리적인 것이 아니라, 유전적으로 설계된 신경계와 보상시스템에 깊게 각인되어 있습니다. 현대 사회에서 이러한 기본 욕구가 지속적으로 차단되면, 뇌는 생리적·심리적 고통 신호를 보내고, 이는 만성적인 우울감, 무기력, 자기혐오로 연결됩니다. 특히 도파민, 세로토닌 등의 신경전달물질의 작용은 유전자와 밀접한 연관이 있으며, 일부 사람들은 우울증에 취약한 유전형질을 타고나기도 합니다. 대표적으로 SLC6A4, BDNF, 5-HTTLPR 등의 유전자는 우울증과 자살 행동과의 관련성이 잘 알려져 있습니다.

한국 사회의 구조와 유전자 간의 충돌

한국은 세계에서 가장 빠르게 산업화 디지털화된 사회 중 하나입니다. 하지만 이러한 급변 속에서 집단주의적 전통과 극단적 경쟁 문화가 결합되며, 많은 사람이 유전적으로 설계된 '사회적 보상 시스템'과 충돌을 겪고 있습니다. 가족 내 지지가 약화되면서 사회적 연결 욕구가 충족되지 못하고, 입시, 취업, 승진에서 벌어지는 과도한 경쟁은 좌절감을 강화했습니다. 또한 장시간 노동과 여가 부족은 회복 기회와 자율성 상실이라는 결과를 초래합니다. 이러한 구조 속에서 우울증 유전자가 발현될 환경이 강화되고 있으며, 이는 개인의 취약성을 사회가 방치하는 결과로 이어지고 있습니다.

유전자의 관점에서 가능한 해결책

우울증과 자살에 대한 접근은 단순히 약물이나 심리치료에 머물러서는 안 됩니다. 유전자와 환경의 상호작용을 이해하고, 더 개인화된 예방과 관리 전략이 필요합니다. 정신건강 문제의 예방과 회복을 위해서는 개인의 유전적 특성과 환경 반응을 고려한 정밀한 개입 전략이 필요합니다. 먼저 개인의 유전적 리스크를 조기에 분석하고, 특히 DNA 메틸화 패턴을 활용해 스트레스 노출 이력 정도를 파악함으로써, 우울증 가능성이 높은 사람을 선제적으로 발견하고 우선적인 조기 개입이 가능해집니다.

이러한 정보는 사회 연결과 의미 있는 활동을 중심으로 한 사회적 처방(social prescription)을 설계하는 데 활용될 수 있습니다. 예를 들어, 유전적으로 정신건강에 취약한 개인에게는 명상, 규칙적인 운동, 예술치료, 자연 속 활동과 같은 후성유전학적 회복을 유도하는 비약물적 처방이 효과적일 수 있습니다.

또한 학교와 직장에서는 이러한 유전적 후천적 정보를 기반으로 정신건강 리스크를 관리하는 조직 내 프로그램 운영이 필요합니다. 기업과 교육기관이 유전자 기반 스트레스 평가 프로그램을 도입하면, 개인 맞춤형 멘토링을 통해 정서적 안정과 사회적 지지를 강화할 수 있습니다. 이처럼 유전자 정보는 단순한 질병 예측을 넘어서 더 개인화되고 인간 중심적인 정신건강 개입 전략의 핵심 기반이 될 수 있습니다.

생물학적으로 연결된 낮은 출산율과 자살률

한국 사회는 현재 세계 최저 수준의 출산율과 동시에 최고 수준의 자살률을 기록하고 있고, 이는 단순히 별개의 사회 문제가 아닙니다. 이는 인간의 생물학적 본능이 제대로 작동하지 못하고 있다는 경고 신호일 수 있습니다. 인간은 진화적으로 생존하려는 본능과 다음 세대를 남기려는 생식 본능을 강하게 내면화해 왔지만, 현대 사회에서 만연한 만성 스트레스, 고립, 경제적 불안정, 심리적 무기력감은 이 두 본능을 점점 약화시키고 있습니다. 특히 만성적인 스트레스는 코르티솔 수치의 불균형을 유발하여 성욕 저하, 배란 억제, 생식 기능 저하로 이어지고, 이는 직접적으로 출산율 감소로 연결됩니다. 동시에 스트레스는 뇌의 보상 회로를 둔감화하여 생존 의욕을 약화시키고, 우울증과 자살 충동을 높일 수 있습니다.

이러한 변화는 사회적 연결망의 붕괴와 더불어 후성유전학적 수준에서 유전자 발현에까지 영향을 미칩니다. 예를 들어, 외로움과 고립은 생식 관련 유전자인 GnRH, KISS1, FSHR 등의 발현을 저해하고, 스트레스 반응 유전자인 NR3C1, FKBP5의 조절을 비정상적으로 변화시켜 우울과 자살 경향을 강화합니다. 진화심리학적 관점에서는 이러한 자살과 저출산을 '사회 전체가 생존과 번식의 요구가 낮아지는 환경에 처해 있음을 반영하는 생물학적 경고 신호'로 해석하기도 합니다. 즉, '지금은 아이를 낳거나 삶을 이어 갈 만한 가치가 없다.'라는 무의식적인 판단이 종 차원에서 행동으로 나타나는 적응 반응일 수 있다는 것입니다. 이는 개인의 의지나 도덕성의 문제가 아니라 사회 환경과 유전적 메커니즘이 교차하는 생물학적 구조의 문제로 접근해야 할 필요가 있습니다.

디지털 초연결 사회의 역설: 연결이 낳는 큰 고립

한국은 세계에서 가장 높은 디지털 보급률을 자랑하는 국가입니다. 스마트폰 보급률은 95% 이상이며, 청소년과 청년층의 SNS 사용률은 세계 최고 수준입니다. 하지만 이러한 '초연결 사회'가 반드시 더 많은 사회적 지지와 정서적 안정으로 이어지는 것은 아닙니다. 오히려 많은 이들이 SNS 속 비교와 인정의 피로감 속에서 깊은 외로움과 소외감을 경험하고 있습니다.

현대 사회에서 인간은 본능적으로 사회적 인정과 소속감을 원하며, 이는 도파민 시스템을 통해 생존과 정신적 안정에 기여해 왔습니다. 그러나 디지털 환경의 확산은 이러한 욕구를 왜곡된 방식으로 충족시키는 경향을 강화하고 있습니다. SNS에서 '좋아요'나 팔로워 수 같은 표면적인 수치에 의존해 인정 욕구를 충족하고, 실질적인 관계보다는 비동기적이고 피상적인 소통에 머물게 됩니다. 더불어 SNS에 노출되는 소수의 성공 사례나 과장된 행복 이미지와의 지속적인 비교는 자기비하와 좌절감을 유발하며, 결국 뇌는 충분한 사회적 지지를 받고 있음에도 사회적으로 고립되었다고 착각하게 됩니다. 이는 우울증의 발현과 자살 충동 증가로 직결되는 심각한 정신건강 문제로 이어질 수 있습니다.

더 나아가, 지속적인 SNS 기반의 노출은 생리학적으로 코르티솔 수치 증가, 전두엽 회색질 감소, 세로토닌 수용체 기능 저하 등 뇌 구조 및 기능의 변화를 초래합니다. 이러한 변화는 단기적으로는 우울증을 유발하고, 장기적으로는 스트레스 반응 유전자(NR3C1, FKBP5)의 후성유전학적 메틸화 이상을 일으켜, 생명 유지 욕구를 떨어뜨리고 생식 기능을 억제하는 방향으로 작용할 수 있습니다. 결국 이 모든 변화는 인간의 생물학적 본능을 약화시키는 구조로 이어지며, 이는 자살률뿐 아니라 출산율 저하에도 깊은 영향을 미칩니다.

SNS는 인간관계의 양적 확대를 가능하게 한 듯 보이지만, 그로 인해 관계의 질적 밀도는 오히려 약화되었습니다. 오늘날 사람들은 연애나 결혼보다는 자기계발과 자기관리에 더 많은 에너지를 쏟으며, 깊은 감정적 관계에 피로감을 느끼고 회피하는 경향이 확산되고 있습니다. 이로 인해 실제적인 친밀감 형성과 생식적 연결이 감소함으로써 출산율 저하의 생물학적 기반으로 작용하게 됩니다. 디지털 시대의 초연결 환경은 역설적으로 더 큰 고립과 생물학적 퇴행을 유발하고 있는 셈입니다.

유전자는 단서를 주고, 사회는 해답을 준다

우리는 지금 생존도 생식도 쉽지 않은 사회에 살고 있습니다. 그 현실을 비관하거나 부정하는 대신, 유전자가 보내는 신호를 읽고, 사회적으로 응답해야 할 때입니다. 정신건강, 출산율, 행복지수는 별개의 문제가 아닙니다. 이들을 통합적으로 이해할 때, 우리는 비로소 더 건강한 사회를 향한 진정한 해결책에 가까워질 수 있습니다.

"나는 타고나기를 약하게 태어났기 때문에 우울해."라는 말은 절반만 맞습니다. 중요한 것은 그 유전자가 어떤 환경에서, 어떤 방식으로 발현되느냐 입니다. 우리는 이제 유전자의 목소리를 무시하지 말고, 그것이 말하는 길을 따라가는 사회적 지혜가 필요합니다. 과학은 단지 원인을 분석하는 도구가 아닙니다. 그 원인을 바탕으로 더 인간적인 사회를 만드는 나침반이 될 수 있습니다. 우리는 새로운 나침반으로 출산율 정신

건강과 높은 자살 문제도 바라볼 때입니다.

"자살 충동은 지능사회의 스트레스에 과민한 뇌의 진화적 반응일 수 있습니다."

한국의 기대수명과 건강수명

100세 시대와 건강수명

한국은 세계적으로 손꼽히는 장수 국가입니다. 2023년 기준, 평균 기대수명은 83세, 남성은 80세, 여성은 86세를 넘고 있으며, 의료기술의 발달과 전 국민 건강보험의 도입은 이러한 성과를 가능하게 했습니다. 하지만 건강수명(healthy life expectancy)은 이야기가 다릅니다. 한국인의 건강수명은 평균 66~70세 수준으로, 약 13~17년간은 만성질환, 신체기능 저하, 정신적 질환을 동반한 상태에서 생존하는 것으로 나타납니다. 이는 단순한 생존을 넘어 삶의 질의 문제로 이어집니다. 또한 이로 인해 개인적·사회적 비용도 급증하고 있습니다.

국가 의료체계의 구조적 한계

대한민국의 건강보험 제도는 세계적으로 모범적인 의료 시스템으로 평가받고 있습니다. 전 국민 의료보장, 낮은 의료비용, 고도화된 의료 접근성 등은 특히 암, 심혈관질환, 뇌졸중과 같은 중증 질환 치료에서 탁월한 성과를 내고 있으며, 기대수명 증진에 중요한 기여를 해 왔습니다. 이처럼 질병이 발병한 이후의 '치료 중심 모델'로서는 효율성과 효과를 모두 인정받고 있습니다. 하지만 문제는 '얼마나 오래 사느냐?'가 아니라 '얼마나 건강하게 오래 사느냐?'입니다. 기대한 만큼 건강수명 연장에는 뚜렷한 구조적 한계가 존재합니다.

- **질병 진단 이후에만 작동하는 급여 구조:** 한국의 건강보험은 질병이 '진단'된 이후의 치료 과정에 급여가 집중되어 있습니다. 따라서 정밀의학의 기본인 예측이나 예방의학적 접근은 대부분 비급여 또는 보장 외 영역에 머물러 있습니다. 노화 예방 및 기능 유지 프로그램, 생활습관 기반 만성질환 리스크 개선, 유전 정보 기반의 조기 예측 및 질병 경로 분석, 생물학적 노화(예: Epigenetic Clock) 분석 및 개입 등은 제도권 밖에서만 이루어질 수밖에는 없습니다. 이로 인해, '질병 예방이나 지연'은 개인 책임, '치료'는 보험 책임이라는 비대칭 구조가 고착화되어 있으며, 이러한 보장 체계는 건강수명 중심 전략과는 근본적으로 어긋납니다.
- **'예방'보다는 '조기 발견'에 치중된 정기 건강검진:** 대한민국은 국가 주도로 체계적인 건강검진 제도를 운영하고 있습니다. 그러나 검진의 목적은 노화 조절이나 질병 예방 또는 위험도 감소가 아닌, 이미

진행된 질환의 '조기 발견' 위주입니다. 이로 인해, 질병이 생기기 전에 개입할 기회를 잃어버리는 경우가 많고, 검진으로 확인된 정보는 개인 건강관리 및 예방 전략 수립으로 이어지지 않는 단절된 구조로 운영되고 있습니다.

- **유전체 기반 예방의학은 제도 밖, 혹은 규제의 사각지대:** 개인의 유전체 정보를 바탕으로 한 다유전자 위험도 점수(Polygenic Risk Score: PRS), 멀티오믹스에 기반한 학습기반 인공지능 분석, 혹은 후성유전학 기반 생물학적 나이 측정(epigenetic clock)은 질병 위험을 예측하고 노화를 조절할 수 있는 중요한 기술입니다. 하지만 현실은 대부분 비급여 항목이며, 의료기관 내 제공은 규제에 저촉될 수 있는 법적 회색지대에 놓여 있습니다. DTC(Direct-to-Consumer) 유전자 검사는 정부 허용 범위가 극히 제한적이며, 단일 마커(single SNP) 분석 중심으로 구성되어 있어 과학적 타당성과 해석력에 한계가 있고 이러한 환경은 PRS나 생물학적 나이 분석처럼 데이터 통합적이고 예측 중심적인 기술의 확산을 가로막고, AI 기반 유전체 분석, 맞춤형 건강 전략 수립 등 정밀의학(P4 Medicine) 기반 예방 접근은 연구 수준에 머물러 있거나 의료 현장에 적용되기 어려운 상황을 조성하고 있습니다.

- **건강 유지의 '총괄 주체'가 없는 이원적 구조:** 치료는 병원이, 검진은 국가가, 예방과 건강관리는 개인이 책임지는 구조에서는 '건강수명'을 실질적으로 총괄하는 주체가 존재하지 않습니다. 그 결과 의료 시스템은 여전히 치료 중심의 반응적 모델에 머물러 있으며, 개인의 건강 정보는 진단과 치료로만 소비되고, 정보 공유나 활용은 제

도적으로 막혀 있어 장기적 예방과 건강 설계로 연결되지 않습니다.

제도 개선을 위한 정책적 제안

개선 영역	제안
건강보험 보장성	생물학적 나이 검사, PRS 분석, 건강 유지 서비스 일부 급여화
검진 항목 개선	질병 조기발견 위주에서 생물학적 리스크 기반 조기 개입 항목 추가
데이터 규제 완화	유전체 데이터 활용을 위한 비식별화 기반 PRS 및 인공지능 분석 허용
예방 서비스 육성	1차 의료기관 기반 건강코디네이터, 디지털 건강관리 플랫폼 지원

- **생물학적 나이 정량화:** 후성유전학적 메틸화 시계, 대사 마커, 염증 지표 등 통합 분석하여 기존의 연령 기준을 넘어 실제 몸의 상태를 수치화할 수 있습니다.
- **PRS 기반 유전 질환 리스크 분석:** 질병별 PRS를 통해 유전적 소인과 환경적 요인을 함께 고려한 정밀 예측과 단일 마커 분석이 아닌, 다유전자 기반 유전체 데이터로 질병 위험도 예측으로 정확도 향상할 수 있습니다.
- **건강수명 설계 리포트 제공:** 유전자, 생물학적 나이, 생활습관 데이터를 통합하여 암, 치매, 대사질환, 노쇠증, 수면장애 등 질병 위험별로 맞춤 전략을 제시합니다.
- **예방적 개입 전략:** 항노화 식이 조절, 운동 루틴, 수면 최적화, NAD+, 메트포르민, 라파마이신 등 개인 맞춤 노화 조절 솔루션을 제안합니다.

멀티오믹스 정밀의학에 기반한 혁신 모델

한국의 의료는 생명을 연장하는 데는 성공했지만, 질 좋은 삶을 설계하고 유지하는 '건강수명 의료'는 아직 시작 단계에 머물러 있습니다. 앞으로는 '질병 치료와 생명 연장'이 아닌 '건강 유지와 질병 예방'을 중심으로, 나이보다는 '위험도와 노화 속도'를 기준으로 개인 건강을 설계해야 합니다. 이제는 단순히 '병을 빨리 발견하는 것'이 아닌, '병이 생기지 않게 만드는 시스템'이 필요합니다. 그리고 그 중심에는 노화 예측, 유전적 리스크 분석, 생물학적 나이 기반 조기 개입 전략과 같은 개인 건강 데이터에 기반한 정밀의학의 활용되어야만 합니다.

"현재 대한민국의 의료 시스템은 '얼마나 오래 사는가?'에 집중되어 있고, '어떻게 건강하게 오래 사는가?'에 대한 정책과 보장 체계는 미비합니다."

K-Healthspan:
생명과학과 AI가 설계하는 새로운 국가 전략

한계에 다다른 출산 장려 정책

    대한민국 정부는 지난 20년간 출산율 제고를 위해 약 280조원 이상의 예산을 투입해 왔습니다. 출산지원금, 육아휴직 확대, 돌봄 인프라 구축 등 다양한 정책이 시행되었지만, 2024년 현재 출산율은 0.72명으로 사상 최저치입니다. 이는 단순히 제도 부족 때문이 아니라 삶의 질, 미래에 대한 신뢰, 그리고 개인의 건강과 역량에 대한 불안이 본질적 원인이라는 점을 보여 줍니다. 즉, 출산율은 국가의 생물학적 경제적 사회적 신뢰지표입니다.

    반면 대한민국의 고령화는 통계청에 따르면, 2025년에는 65세 이상 인구 비율이 20.6%를 넘어 '초고령사회'에 진입하며, 2050년에는 전체 인구의 40%가 노인이 되는 기형적 인구 구조가 예상됩니다. 이런 사회 구조는 국가의 의료비, 연금, 요양비용을 폭증시키며 젊은 세대의 조세 부담과 경제 활력을 급격히 저하하는 악순환을 초래합니다. 이 문제의 본질은 단지 고령화와 인구 감소가 아니라 '건강하지 않은 장수'가 가져오는 경제 사회 시스템의 지속 불가능성 입니다.

> "아이를 낳을 수 있는 조건보다 더 중요한 것은
> 아이를 낳고 싶어지는 삶의 질입니다."

새로운 국가 전략: K-Healthspan으로 패러다임 전환

이제는 기존의 인구정책과 출산 장려에만 의존하기보다는, 국민 개개인의 삶의 질과 건강한 생애 전반을 설계하는 'K-Healthspan 전략'으로 전환해야 할 시점입니다. K-Healthspan이란 '대한민국 국민의 건강수명을 10년 연장하기 위한, 바이오 디지털 기반의 통합 국가 전략'입니다. 그 핵심은 단순히 노인을 오래 살게 하는 것이 아니라, 중장년층의 생물학적 나이를 낮추고, 치매와 암과 같은 만성질환을 줄이며, 70세에도 창의적으로 일하고 사회적 기여를 계속할 수 있는 사회 구조를 만드는 것입니다.

효과	설명
의료비 및 요양비 절감	치매·당뇨 등 고비용 만성질환 부담 감소
고령 노동 참여 증가	생산가능 인구 수천만 명 추가 확보
연금·복지 지출 안정화	건강한 노년층의 경제 자립 증가

효과	설명
고령 창업·경험 공유	세대 간 지혜의 순환 구조 형성

경제적 효과: 건강수명 20년 연장이 가져오는 숫자들

UN과 WHO는 '건강수명(healthspan)'을 '질병과 장애 없이 살아가는 연수(年數)'로 정의합니다. 한국인의 기대수명은 83.6세이지만, 건강수명은 73.1세에 불과하여 무려 10년 이상을 병치레와 요양, 의존에 의존하며 살아갑니다. 바로 이 지점을 바꾸는 것이 핵심입니다. 건강수명을 10년 연장한다면, 이는 단순한 노화 지연이 아니라 요양비 및 의료비의 대폭 절감 생산가능 인구의 연장, 치매 암 등 노인성 질환 감소, 고령 창업과 사회 참여 증가, 국가 경쟁력 강화라는 정책 경제 사회적 파급력을 지닌 근본적 해결책이 됩니다.

미국 하버드대학교, 옥스퍼드대학교, 런던비즈니스스쿨의 공동연구(Nature Aging, 2023)에 따르면, 건강수명을 1년만 늘려도 미국 경제에 미치는 효과는 38조 달러(약 5,200조 원)에 달합니다. 이를 한국에 적용하면 건강수명을 10년 늘릴 때 향후 30년간 수백조 원의 재정이 절약되는 구조 전환이 가능합니다.

항목	현재 지출	건강수명 연장 효과(추정)
치매 및 요양 관련 비용	연간 약 26조 원 (보건복지부, 2023)	40% 감소 시 10조 원 이상 절감
생산 가능 인구 확대	노동 참여율 상승	연간 GDP 2~4% 증가 효과

항목	현재 지출	건강수명 연장 효과(추정)
의료비 지출	건강보험 적자 연 5조 원 이상	예방 중심으로 전환 시 연 2조 절감 가능

K-Healthspan은 출산율 회복의 간접적 해법

가장 주목할 점은, K-Healthspan의 확산이 장기적으로 출산율 회복에도 기여할 수 있다는 사실입니다.

- **미래에 대한 긍정적 기대 회복:** 젊은 세대는 자신이 맞이할 미래가 건강하고 지속 가능하다는 확신이 생길 때 비로소 결혼과 출산을 선택합니다. K-Healthspan은 노후의 불안감, 건강 격차, 조기 은퇴 위협을 줄이며 전 생애에 대한 신뢰감을 제공합니다.

- **돌봄 부담의 세대 이전 완화:** 현재 30~40대는 '부모 돌봄', '자녀 양육', '자기 건강 관리'라는 3중 부담을 짊어진 '샌드위치 세대'입니다. 부모세대가 더 건강하고 독립적으로 삶을 이어 간다면, 이들의 출산과 양육 결정에 실질적 여유와 선택권이 생깁니다.

- **'노년의 품격'이 출산의 모델이 된다:** 건강하고 사회 참여적인 고령층이 많아질수록, 다음 세대는 '노년의 삶'에 대해 긍정적 이미지를 갖게 됩니다. 이는 자연스럽게 삶 전체에 대한 전망이 넓어지고, 출산을 포함한 미래 설계에 유리한 정서적 기반이 됩니다.

바이오와 AI가 주도하는 K-Healthspan 기술 인프라

K-Healthspan은 단지 복지 정책이 아닙니다. 대한민국이 기술 강국

으로서 세계를 선도할 수 있는 첨단 산업이자 과학기술 전략입니다.

분야	핵심 기술	대표 사례
바이오	DNA 메틸화 기반 생물학적 나이 측정, 암 치매 예방	후성유전학적 시계 (EpiClock, Horvath Clock)
AI	노화 예측 모델, 단백질 구조 예측, 질병예측과 예방	AlphaFold, DeepMind
케어로봇	휴머노이드 재활·동반 케어	일본 SoftBank 로봇 활용 사례
신약개발	노화 표적 신약 후보군 발굴, 스마트 임상	Altos, Calico; 화학적 세포 재생, 노화바이오마카

K-Healthspan 국가 전략 로드맵

시기	핵심 목표	추진 내용
2025~2027	기반 구축	생물학적 나이 표준화, AI 바이오 데이터 통합
2028~2035	기술 적용 확대	예방 중심 건강관리 제도 도입, 노화 신약 허가 및 임상 확대
2036~2040	사회적 확산	고령 창업 인센티브, 건강노년 커뮤니티 확대, 출산율과 건강수명 연계 정책 수립

K-Healthspan 생명정보 혁명

수명 연장 기술은 더 이상 전통적 의료의 영역이 아닙니다. 바이오 기술과 인공지능(AI)이 주도하는 혁신이며, 한국이 세계를 선도할 수 있는 전략 기술 분야입니다.

- **생명정보학과 유전체 기반 바이오 기술:** DNA 메틸화 기반 후성유전학

적 생체 나이 측정 기술 (Horvath Clock, EpiClock 등)은 생물학적으로 Healthspan을 정량적으로 예측할 수 있으며, 후성유전학 기반 약물(epigenetic drugs) 개발은 노화 조절 가능성을 제시합니다.
- **인공지능 기반 노화 연구와 치료 혁신:** Google DeepMind는 단백질 구조 예측 AI인 AlphaFold를 통해 노화 관련 단백질의 구조와 상호작용을 수 시간 내에 모델링 가능하게 했습니다. Anthropic의 CEO Dario Amodei는 "앞으로 10년 내에 생물학에서 100년치의 진보를 이룰 수 있다."고 말합니다.
- **한국의 기술력과 기회:** 한국은 세계 수준의 바이오, 의료정보, AI 인프라, 반도체, 휴머노이드 로봇 기술을 갖추고 있으며, 이를 노화 예방, 건강 모니터링, 고령자 케어로 연결하는 융합이 가능합니다.

"해법은 '생명 연장'이 아니라 '건강수명 연장'이다."

K-Healthspan은 대한민국의 철학이 되어야 한다

우리는 지금 선택의 기로에 서 있습니다. '과거의 방식대로 단기 처방을 반복할 것인가, 아니면 전 생애를 설계하는 장기 전략을 선택할 것인가?' K-Healthspan은 국민 건강을 중심으로 복지, 산업, 노동, 출산 정책을 연결하는 패러다임 전환이며 '질병의 시대'에서 '건강의 시대'로의 전환점입니다. K-Healthspan은 국가가 국민의 생애 전체에 대해 어떤 철학과 비전을 가지고 있는지를 보여 주는 지표입니다.

이제 대한민국은 단지 오래 사는 사회가 아닌, '건강하게 잘 사는 나라'로 전환해야 합니다. 그 시작은, 단순한 출산율의 수치가 아니라, '삶의 신뢰지수'를 높이는 K-Healthspan에서 비롯됩니다.

"AI와 생명과학은 이제 질병 치료를 넘어서 삶 전체를 설계하는 기술로 진화하고 있다."

제3장 핵심 요약

1. 공동체 의식으로 진화하는 문화
리처드 도킨스의 '밈' 이론처럼 문화는 유전자와 유사하게 복제, 전달, 변형된다. K-컬처는 단순한 콘텐츠를 넘어, 한국인의 감정, 소통 방식, 공동체 의식을 담은 '문화 유전체'처럼 작동하며 급성장했다.

2. K-컬처의 유전적·후성유전학적 배경
한류의 성공은 빠른 적응과 융합 능력에 있다. 이는 한국인의 높은 추진력과 변화 수용성, 집단주의와 유연성, 스트레스 대처 능력과 관련된 유전적·후성유전학적 특성 덕분일 수 있다.

3. 문화는 유전체의 외부 확장
K-컬처는 유전자가 환경에 맞춰 발현하듯, 시대와 사회에 따라 진화하는 '표현형'이다. 이는 한국 사회의 급격한 변화가 문화적 표현에도 영향을 준 것으로, 유전적 본능과 문화적 학습의 상호작용 결과다.

4. 출산율 0.7의 역설
한국의 초저출산율은 단순한 사회적 위기가 아닐 수 있다. 이는 안정된 사회 환경에서 번식률을 낮추는 유전적 전략의 결과일 수 있으며, AI 시대에 맞춰 '양보다 질'을 추구하는 진화적 선택으로 볼 수 있다.

5. 자살률과 우울증의 유전적 요인
높은 자살률은 사회적 스트레스와 더불어 우울증에 취약한 유전형이 현대 한국 사회의 경쟁 문화와 충돌하며 발생할 수 있다. 이는 개인의 유전적 취약성을 사회가 방치한 결과이기도 하다.

6. 디지털 초연결 사회의 역설
한국의 높은 디지털 보급률은 역설적으로 사람들에게 '좋아요'나 팔로워 수에 의존하는 피상적인 관계를 유도한다. 이는 실질적인 사회적 연결을 약화시키고, 고립감을 높여 우울증과 자살률 증가에 영향을 준다.

7. 건강수명과 기대수명의 간극
한국의 높은 기대수명과 달리 건강수명은 짧다. 이는 질병 '치료'에 집중된 의료 시스템의 구조적 한계 때문이다. 유전자 분석을 통한 예측 및 예방 의학으로 패러다임을 전환해야 한다.

8. K-Healthspan, 국가 전략으로
K-Healthspan은 국민의 건강수명을 10년 연장하는 것을 목표로 한다. 이는 의료비 절감, 생산 인구 확대, 삶의 질 향상 등 경제적 이익뿐만 아니라, 미래에 대한 신뢰를 높여 간접적으로 출산율 회복에도 기여할 수 있다.

9. 유전자는 운명이 아닌 설계
유전자 분석은 개인의 질병 위험도를 예측하고, 맞춤형 건강 전략을 세우는 데 활용될 수 있다. 유전적 소인(비만 유전자 등)은 과거 생존을 위한 축복이었으나, 현대 사회에서는 관리해야 할 대상이 되었다.

10. 새로운 시대의 책임
유전자 편집, AI 기술의 발전은 인간의 존재론적 질문을 던진다. 유전자가 가능성의 지도라면, 그 지도를 어떤 방향으로 나아갈지는 인간의 윤리적 성숙과 사회적 선택에 달려 있다.

맺음말

『호모 인텔리전스 게놈 나침반』의 긴 여정을 마치며

우리는 방대한 우주를 탐험하는 항해사처럼 지금까지 유전자라는 신비롭고 무한한 소우주 깊숙한 곳을 함께 여행했습니다. 이 여정은 단순히 생물학 교과서를 넘어서는 것이었습니다. 우리의 존재가 어디에서 비롯되었는지, 그 생명의 근원을 탐구하고 그 과정에서 우리 스스로를 깊이 들여다보며 성찰하는 귀한 시간이었습니다. 또한 유전자가 단순히 우리 몸을 만드는 설계도에 그치는 것이 아니라 우리의 과거와 현재의 삶, 우리가 속한 문화를 어떻게 형성하며 더 나아가 인류의 미래를 어떻게 설계해 나갈지에 대한 근본적인 지침이자 나침반임을 새롭게 깨닫는 과정이었습니다. 즉, 유전자는 수십억 년에 걸친 생명의 역사가 고스란히 담겨 있는 거대한 도서관이며, 동시에 앞으로 우리가 나아갈 길을 밝혀주는 신뢰할 수 있는 등대이며 나침반입니다.

인류의 역사는 시작부터 끊임없는 도전과 그에 따른 질문과 진리를 향한 탐구의 연속이었습니다. '나는 도대체 누구인가?' '우리는 어디에서 왔으며, 이 복잡한 세상 속에서 어디로 나아가야 하는가?'와 같은 근원적인 물음들은 인류 문명사의 시작과 함께 철학자들의 사유를 촉발했고,

종교인들의 신앙을 이끌었으며, 과학자들의 탐구를 자극했고, 예술가들의 창의성을 불태웠습니다. 수많은 시대의 지혜와 통찰이 쌓여 이러한 질문들에 대한 다양한 답변과 새로운 의미를 부여해 왔습니다.

하지만 이제 우리는 과거와는 비교할 수 없는 새로운 도구들을 손에 쥐게 되었습니다. 유전학의 괄목할 만한 발전, 인공지능(AI)의 비약적인 성장, 그리고 이 둘을 연결하는 생명정보학과 같은 첨단 기술들은 우리에게 이전에는 상상조차 할 수 없었던 방식으로 '나'와 '인류'에 대한 질문에 명확하고 과학적인 답변을 제공합니다. 이 책은 바로 이러한 생물학, 인공 지능 기술, 철학이 융합된 복합적이고 다차원적인 인간 이해의 새로운 지평을 제시하며, 우리가 이 복잡한 시대를 항해하는 데 필요한 지도를 제공하는 귀중한 안내서입니다.

우리가 살아가는 21세기는 정보의 시대입니다. 역사상 그 어떤 시기보다도 많은 데이터가 쏟아져 나옵니다. 인류가 수만 년에 걸쳐 축적해 온 정보의 총량보다 최근 몇 년간 생성된 정보가 더 많다는 통계는 놀라움을 넘어 경외감마저 느끼게 합니다. 이렇게 엄청난 속도로 증가하는 정보의 홍수 속에서 우리는 종종 압도당하고 길을 잃고 방황하기 쉽습니다. 바로 이 정보의 바다에서 우리가 중심을 잃지 않고 정확한 방향을 찾을 수 있도록 이 책이 도움이 되기를 바랍니다.

유전자 정보는 단순히 컴퓨터에 저장된 정적인 데이터와는 다릅니다. 그것은 우리를 둘러싼 환경과 끊임없이 상호작용하며 스스로를 재구성하고 변화하는 살아 있는 정보 시스템입니다. 우리의 유전자는 DNA 서열 그 자체뿐만 아니라, DNA 메틸화나 히스톤 변형 같은 후성유전학적 표지들을 통해 외부 환경과 경험의 정보를 기록하고 반응하며, 이러한 변화가 유전자 발현을 조절하여 우리 몸의 기능과 특성에 영향을 미칩니다. 또한 '정크 DNA'라고 불렸던 비부호화 DNA나 끊임없이 이동하며 유전체에 변화를 일으키는 트랜스포존과 같은 요소들은 유전자가 얼마나 역동적이고 변화무쌍한 정보 시스템인지를 보여 줍니다.

유전자의 관점에서 바라볼 때, 생명의 소멸인 죽음은 결코 정보의 절대적인 끝이 아닙니다. 오히려 죽음은 유전 정보가 새로운 형태로 전환되어 다음 단계로 나아가는 시작점이라고 할 수 있습니다. 유전 정보는 생식 과정을 통해 부모로부터 자녀에게, 세대에서 세대로 전달되며 그 과정에서 변이가 일어나고 환경의 선택 압력에 의해 적응적인 변이가 다음 세대에 더 많이 전달되면서 끊임없이 진화합니다. 이렇게 유전 정보는 시간과 공간을 초월하여 그 연속성을 이어 갑니다.

반면에 인공지능은 디지털 코드와 데이터 형태로 존재하며, 물리적인 손상이나 에너지 공급 중단과 같은 외부 요인이 없다면 이론적으로는 영구적인 생존이 가능할지도 모릅니다. 이러한 관점에서 볼 때, 유전자(생물학적 정보)와 인공지능(디지털 정보)은 그 기반과 형태는 다르지만, 정보를 저장하고 처리하며, 변화하는 환경에 맞춰 변이하고, 경험에 의해 학습하고 선택을 거쳐 진화한다는 본질적인 공통점을 지니고 있습니다. 생물학적 진화의 단위가 유전자이고 유전체라면, 문화적 진화의 단위는 '밈(meme)'이며, AI 진화의 단위는 코드와 데이터, 그리고 학습 알고리즘이 될 것입니다.

이제 우리가 인류로서 직면한 가장 큰 도전은 바로 정보의 인간(Homo Intelligence: HI) 과 인공지능(Artificial Intelligence: AI)이라는, 서로 다른 방식으로 작동하지만 강력한 잠재력을 지닌 두 정보 시스템을 어떻게 하면 조화롭고 균형 있게 통합하고 함께 발전시켜 나갈 것인가 하는 것입니다. 인공지능(AI)은 이미 인간 삶의 모든 영역에 깊숙이 관여하며 우리의 생활 방식과 사고방식을 근본적으로 변화시키고 있습니다. 그러므로 우리는 AI가 단순한 계산 도구를 넘어, 방대한 데이터를 학습하고 스스로의 알고리즘을 개선하며 독립적으로 자율적으로 진화해 나갈 수 있는 가능성을 가진 존재임을 인정해야 합니다.

그리고 이러한 AI는 HI와 공존과 협력을 통해, 인간만이 가진 고유한 능력들, 예를 들어 창의적인 사고, 깊은 공감 능력, 복잡한 윤리적 판단력, 그리고 무한한 상상력을 더욱 발전시키고 강화해야 합니다. 유전적 다양성이 생물학적 진화의 원동력이듯, 인간 고유의 인지적, 감성적 다양성이 AI 시대에 더욱 중요해질 것입니다. 우리 호모 사피엔스 인류는 네안데르탈인이나 데니소바인과의 혼종을 통해 생물학적 적응력을 높였듯, AI와의 지적 협업을 통해 새로운 차원의 '호모 인텔리전스(HI)'로 진화할 준비를 해야 합니다.

이와 동시에 우리는 HI와 AI가 제시하는 유전체 혁명의 무한한 가능성 뒤에 숨겨진 잠재적 위험과 한계를 명확히 이해해야 합니다. 유전 정보의 오용, 유전자 편집 기술의 윤리적 문제, AI의 통제 불가능성, 그리고 기술적 특이점에 대한 논의는 이미 현실적인 문제가 되고 있습니다. 우리는 이러한 강력한 기술을 인간의 존엄성과 인류 전체의 안녕을 위한 윤리적인 기준과 사회적인 규범 속에서 조화롭게 통제하고 발전시킬 수 있는 집단적인 지혜를 모아야 합니다. 인간의 유전 정보가 분석되고 활용되는 방식에 대한 개인정보 보호 문제, 맞춤형 의학과 유전자 치료의 공정성 문제, 그리고 AI가 만들어 내는 결과에 대한 책임 문제 등은 우리가 시급히 해결해야 할 과제들입니다.

우리의 육체가 디지털 트윈 형태로 복제되고, 기억이 데이터로 저장되며, 우리의 의식이 시뮬레이션될 수 있다는 상상이 현실이 되어가는 시대에, 우리는 '나는 과연 물리적인 육체인가, 시간과 함께 변하는 기억인가, 아니면 분석 가능한 데이터의 집합인가?'라는 본질적인 질문을 다시 한번 깊이 고민해야 합니다. 이 질문은 단순히 흥미로운 철학적 논쟁을 넘어, 우리의 정체성이 무엇인지, 인간성이란 무엇인지를 재정의하는 근본적인 탐구입니다. 이 질문에 대한 우리의 대답과 성찰이야말로 궁극적으로 우리가 어떤 종류의 미래를 만들어 갈지를 결정하게 될 것입니다. HI 와 AI의 공존의 시대에 인간으로서 우리의 고유한 가치와 역할을 어떻게 지켜나갈 것인가 하는 물음은 그 어느 때보다 중요하며 그 답을 우리의 유전자 안에서 발견할 수 있습니다.

유전자는 우리의 과거 이야기이자 동시에 현재를 살아가게 하는 원동력이며, 미래를 향한 가능성의 씨앗입니다. 우리가 매일 선택하는 식습관, 운동량, 스트레스 관리 방식, 사회적 관계, 심지어 우리가 느끼는 감정이나 세상을 바라보는 사고방식까지도 우리의 유전자 발현(어떤 유전자가 활성화되고 비활성화되는지)을 변화시키는 후성유전학적 표지를 남깁니다. 이러한 변화는 다시 우리의 건강 상태, 삶의 질, 행복감, 심지어 수명에까지 직접적인 영향을 미칩니다.

따라서 우리가 오늘 내리는 아주 작은 선택 하나하나가 단순히 현재의 '나'에게만 영향을 미치는 것이 아니라, 우리의 유전체와 후성유전체를 통해 미래의 '나'와 더 나아가 우리의 다음 세대에게까지 영향을 미칠 수 있음을 항상 염두에 두어야 합니다. 우리는 조상으로부터 물려받은 유전적, 후성유전학적 유산을 다음 세대에 물려줄 책임이 있으며, 그 유산이 건강하고 긍정적인 방향으로 이어질 수 있도록 최선을 다해야 합니다. 단지 건강한 유전자를 물려주는 것을 넘어서 건강한 환경과 창의적 문화 그리고 긍정적인 후성유전학적 '기억'을 물려주는 것 또한 우리의 중요한 책임입니다.

  이 책은 이처럼 복잡하고 빠르게 변화하며 때로는 혼란과 불확실성으로 가득한 세상 속에서 우리에게 용기를 불어넣고 명확한 방향을 제시하는 소중한 지침서가 되어 줄 것입니다. 예측 불가능한 인생의 파고 앞에서 우리는 유전자 안에 담긴 수억 년의 진화적 지혜와 인공지능이 제공하는 방대한 가능성을 통해 두려움 없이 미래를 향해 항해해 나갈 수 있습니다. 이 책을 통해 우리가 얻은 가장 큰 깨달음은, 결국 인간 존재와 삶의 복잡한 문제들에 대한 많은 해답이 우리 바깥에 있는 것이 아니라, 바로 우리 안에, 우리의 유전자 안에, 우리의 마음 안에, 그리고 우리가 세상을 바라보는 방식 안에 이미 존재하고 있다는 것입니다. 중요한 것은 그 내면의 깊은 목소리에 귀를 기울이고, 유전자와 AI 시대의 새로운 지혜를 겸손하게 받아들이며, 그것을 우리의 삶 속에서 용기 있게 실천하는 것입니다.

  이 깊이 있는 여정에 함께해 주신 독자 여러분께 진심으로 깊은 감사의 인사를 드립니다. 이 책이 여러분 각자의 삶을 이해하고 설계하는 데 도움이 되어, 여러분의 삶이 새로운 지능형 인간, 즉 호모 인텔리전스의 시대에 유전자와 인공지능이 제공하는 지혜를 통해 더욱 의미 있고 풍요로우며 아름답게 펼쳐지기를 진심으로 기원합니다. 앞으로 여러분이 걸어갈 인생의 길 위에서 이 책이 항상 여러분의 신뢰할 수 있는 동반자로서 여러분의 길을 밝게 비추고, 건강하고 행복한 삶으로 안전하게 인도해 주기를 소망합니다.

2025년 7월

게놈박사 이민섭

DNA는 출발점일 뿐,
인생의 설계자는 당신입니다.

작가 인터뷰

이 책을 집필하게 된 계기는 무엇인가요?

저는 평생 분자생물학과 유전학자의 관점에서 세상을 보아 왔습니다. DNA라는 생명 정보의 눈을 가지고 살아왔죠. 지금 우리는 인류 역사상 가장 큰 변곡점이라 할 수 있는 AI 시대를 맞이하고 있는데요. 이 거대한 흐름을 단순한 기술 혁신으로 보기보다는, 유전자의 시선으로 해석하고자 했어요. DNA 속에는 우리의 과거 흔적과 현재 모습, 그리고 다가올 미래의 가능성까지 모두 기록되어 있어요. '유전자'라는 나침반을 통해 AI 시대를 항해할 수 있기를 바라며 이 책을 집필했습니다.

대중을 위한 교양서를 쓰면서 가장 주안점을 둔 포인트는 무엇인가요?

가장 큰 고민은 제가 보는 세상을 어떻게 다른 이들도 공감할 수 있는 언어와 시각으로 표현할 수 있을까였습니다. 단순히 과학을 설명하는 교양서를 쓰고 싶지는 않았기 때문에 삶과 직결된 주제로 풀어내는 데 주안점을 두었죠. 유전자는 연구실 속 학문적 대상일 뿐만 아니라, 한 개인의 정체성과 삶의 설계도, 그리고 미래로 향하는 나침반이기도 합니다. 그래서 기술적 용어나 복잡한 개념을 설명하는 데 그치지 않고 DNA를 인간의 이야기와 철학이 담긴 삶의 지침서로 해석하려고 했어요. 이런 생각을 주변 사람들과 나누면서 그들의 반응을 살피기도 했죠. 함께 미래를 만들어 가는 과정 자체가 참 소중하게 느껴지는 시간이었습니다.

연구실의 발견을 산업으로 만드는 과정에서 가장 중요하게 생각했던 가치나 철학은 무엇이었나요?

연구자이자 한국과 미국에 바이오 회사를 운영하고 있는 사업가로서

'연구와 개발은 인류의 미래에 새로운 가치를 창조해야 한다'라는 철학을 지켜왔습니다. 연구의 성과가 논문 속에만 머무른다면 그것은 반쪽짜리 성과일 뿐이에요. 연구는 반드시 현실과 맞닿아 사람들의 삶을 바꾸는 힘으로 이어져야 합니다. 과학의 궁극적인 목표는 인간의 이해를 넓히는 동시에, 삶의 질을 개선하고 새로운 가능성을 열어주는 것이라고 생각해요. 그래서 늘 연구와 발견을 산업과 서비스로 연결하는 과정을 중시했죠. 그것이야말로 과학이 살아 움직이며 사회적 가치를 창출하는 길이니까요.

독자들이 자신의 유전 정보를 통해 얻을 수 있는 가장 중요한 '자기이해'는 무엇이라고 생각하시나요?

DNA는 우리 존재의 청사진이자 운명의 설계도입니다. 하지만 그것이 우리의 모든 것을 결정하는 절대적인 틀은 아니에요. 우리의 삶은 끊임없이 후성유전학적 변화, 환경과 생활습관, 그리고 자유의지의 선택 속에서 조정되고 다시 쓰여지고 있습니다. 유전자는 출발점일 뿐, 그 이후의 길은 우리가 어떻게 살아가느냐에 따라 새롭게 만들어지는 것이죠. 자신의 유전 정보를 통해 가장 깊이 깨달아야 할 '자기이해'는 "나는 유전자의 산물이지만, 동시에 나의 미래를 새롭게 써 내려갈 수 있는 존재다. 나의 작은 선택 하나가 나 자신을 바꾸고, 더 나아가 우리 인류의 삶까지 변화시킬 수 있다."입니다. 이 깨달음은 우리 유전자에 새겨진 수십억 년의 역사와 진화가 남긴 인류의 교훈이에요. 생명은 언제나 변화와 적응, 그리고 새로운 가능성을 향해 나아가며 생존하고 번영해 왔습니다. 우리도 DNA라는 뿌리를 바탕으로 매일 자신을 다시 만들어 가야 해요.

작가님이 예측하는 AI와 유전자의 만남은 어떤 모습인가요?

AI가 DNA를 읽고 해석하는 또 다른 지능이 될 거예요. AI가 인간의 언어를 이해하듯, 우리의 유전 코드를 해석하고 예측하는 과정에서 나의 유전, 후성유전, 생활 습관까지 종합한 디지털 쌍둥이(Digital Twin)를 가상 세계에서 만들어낼 것이라고 생각합니다. 그 디지털 쌍둥이는 나의 미래를 보여주고, 선택을 도와주는 또 하나의 '나'가 되겠죠. AI와 DNA가 만나면 인류가 자기 자신을 다시 창조하는 사건이 일어날 거예요. AI가 스스로 데이터를 학습하며 알고리즘을 발전시켜 온 것처럼, 인간의 유전자 역시 수십억 년 동안 환경과 경험을 통해 끊임없이 학습하고, 적응하며, 진화해 왔습니다. 이 점에서 인공지능(AI)과 인간의 지능(HI)은 가장 본질적인 유사성을 갖고 있어요. 둘은 서로를 보완하면서 새로운 인간상을 만들어낼 거예요.

변화를 거부한 개체나 종은 결국 멸종하거나 퇴화했습니다. AI를 받아들이고 잘 적응하면 우리는 '호모 인텔리전스(Homo Intelligence)'로 진화할 거예요. 새로운 인류로 거듭날 것인지, 아니면 뒤처져 사라질 것인지는 나의 선택과 의지에 달려 있죠.

이 책을 읽은 독자들이 당장 실천할 수 있는 일이 있다면 무엇일까요?

작은 것부터 바꾸어 보세요. 수면, 식사, 운동 습관 같은 사소한 생활 변화부터 시작하면 독서, 여행, 교육 강습과 같은 지적·정신적 성장으로 나아갈 수 있습니다. 이 작은 변화들이 모여 새로운 '나'를 만들어 내고, 그 흔적은 DNA에 기록됩니다. 그 기록이 쌓이면 내 미래를 넘어 후손들의 미래 변화로 이어져요. 그러니 변화를 두려워하지 말고 즐기세요.

쓰면서 가장 신났던 챕터와 그 이유가 궁금합니다.

가장 신나게 쓴 부분은 K-Genome, 한국인의 유전자를 다룬 장이었어요. 한국은 전쟁 이후 불과 70년 만에 전 세계가 주목하는 경제 성장과 문화적 번영을 이루어 낸 독특한 민족입니다. 그 격변을 가까이에서 지켜보았고, 또 반평생 이상 미국에 살면서 한국을 직·간접적으로 냉철하게 바라볼 수 있었죠. 대한민국의 지난 70년이야말로 도전을 두려워하지 않고 번성한 인류 진화의 축소판이에요. 물론 많은 부작용과 문제들이 드러나기도 했지만요. 그럼에도 한국인은 어떤 민족보다도 빠르게 자신을 변화시키고, 세계화를 수용하면서 K-DNA를 만들어 오늘의 자리에 이르렀습니다. 이 글을 쓰면서 한국이 AI 시대에도 새로운 길을 열어갈 민족이라는 확신을 다시금 갖게 되었죠.

책에서 다룬 내용과 관련해, 현재 진행 중인 프로젝트가 있나요?

우리의 현재와 미래는 선천적 유전자와 후천적 후성유전학의 상호작용에 의해 결정돼요. 전통적인 유전학 연구와 달리 메틸화(methylation)와 같은 후성유전학적 연구는 비교적 최근에서야 본격적인 기술 발전이 시작되었죠. 저는 최근 EpiClock 같은 후성유전학 연구를 진행 중인데요. EpiClock은 후성유전학적 생체시계로, 한 사람이 살아온 흔적을 반영해 현재 상태를 정량적으로 알려주고, 미래의 건강과 노화의 방향까지 예측할 수 있는 새로운 바이오 마커예요. 다가올 초장수 시대에 이 연구가 건강 관리와 삶의 질 향상에 핵심적인 도구가 될 것입니다.

후학들에게 꼭 전하고 싶은 과학자로서의 태도나 원칙은 무엇인가요?

Think Outside of the Box! 새로운 시도를 두려워하지 않는 사람들을 흔히 괴짜라고들 부르지만, 그런 사람들이 늘 세상을 바꿔 왔죠. 현재의 편안함에 안주하지 마세요. 두려움 없이 낯선 세계로 발걸음을 내딛으세요. 그것이 바로 인간의 가장 큰 특성이에요. 인류 역사는 안정기와 대변혁기를 반복해 왔고, 지금 우리는 AI라는 거대한 변혁의 시기에 서 있습니다. 여러분의 DNA가 들려주는 나침반의 목소리에 귀 기울여 보세요. 두려워하지 말고 그 길을 따르세요.

마지막으로, 독자들에게 꼭 전하고 싶은 말씀이 있으시다면요.

이 책을 통해 자신의 DNA와 대화하며 새로운 시대를 살아갈 용기와 지혜를 찾기를 바랍니다. 나를 이해하는 길이 곧 인류 전체를 이해하고, 불확실한 미래를 헤쳐 나가게 해줄 가장 확실한 길이에요. 매일의 작은 습관과 선택이 한 사람의 일생을 만들고, 그 일생들이 모여 인류의 역사가 되죠. 인류는 유전자와 환경, 그리고 각 개인의 의지가 촘촘히 연결된 하나의 거대한 존재입니다. 나의 작은 변화가 새로운 인류와 미래를 만들어 낼 수 있어요. 독자 여러분, 자신만의 나침반을 따라 당당히 걸어가기를 진심으로 바랍니다.

작가 홈페이지

호모 인텔리전스 게놈 나침반
AI시대, 유전자로 읽는 인간, 사회, 미래의 이야기

발행일 2025년 10월 31일

지은이 이민섭
펴낸이 마형민
기획 페스트북 편집부
편집 곽하늘 강채영 유혜수
디자인 김안석 표진아
펴낸곳 주식회사 페스트북
홈페이지 festbook.co.kr
주소 경기도 안양시 동안구 관악대로 488

© 이민섭 2025

ISBN 979-11-6929-920-6 03470

값 18,000원

* 이 책은 저작권법에 의해 보호를 받는 저작물이므로 무단 전재와 무단 복제를 금합니다.
* 페스트북은 작가중심주의를 고수합니다. 누구나 인생의 새로운 챕터를 쓰도록 돕습니다. creative@festbook.co.kr로 자신만의 목소리를 보내주세요.